普通高等教育机器人工程系列教材

基于 ROS 的机器人设计与开发

唐 炜 张仁远 樊泽明 编著

科学出版社

北 京

内 容 简 介

本书主要介绍机器人自主导航基本原理及其在机器人操作系统中的开发与实现。内容包括两部分：第一部分(第1～3章)介绍机器人的总体结构及关键技术、机器人操作系统的基础知识及安装过程；第二部分(第4～7章)介绍机器人自主导航的基础理论(包括机器人定位技术、SLAM技术和路径规划)及其在ROS中的实现，并以自主开发小车Aibot为例介绍典型的移动机器人的搭建过程及自主导航功能的实现过程。

本书可作为高等学校机器人工程、自动化、智能无人系统科学与技术等相关专业的高年级本科生与研究生教材，也可作为移动机器人开发者的参考书籍。

图书在版编目(CIP)数据

基于ROS的机器人设计与开发/唐炜，张仁远，樊泽明编著. —北京：科学出版社，2021.12
普通高等教育机器人工程系列教材
ISBN 978-7-03-070799-4

Ⅰ.①基… Ⅱ.①唐… ②张… ③樊… Ⅲ.①移动式机器人-高等学校-教材 Ⅳ.①TP242

中国版本图书馆CIP数据核字(2021)第253087号

责任编辑：余 江 张丽花 / 责任校对：崔向琳
责任印制：张 伟 / 封面设计：迷底书装

科 学 出 版 社 出版
北京东黄城根北街16号
邮政编码：100717
http://www.sciencep.com

北京九州迅驰传媒文化有限公司 印刷
科学出版社发行 各地新华书店经销
*
2021年12月第 一 版 开本：787×1092 1/16
2023年7月第二次印刷 印张：13
字数：300 000
定价：59.00元
(如有印装质量问题，我社负责调换)

前　　言

编写本书的目的是通过对机器人自主导航基本原理及其在机器人操作系统（Robot Operating System，ROS）中的开发与实现的系统介绍，让学生掌握移动机器人自主导航的相关理论，培养学生独立完成搭建移动机器人的实践能力。

机器人的设计与开发包括机器人硬件平台的搭建及其核心软件模块的实现，涉及机器人运动学原理、自主导航原理、运动控制算法、软件实现等基础知识。相关基础理论知识较为抽象，单独进行概念介绍和原理解释，很难让学生理解机器人工作过程，而单纯地按步骤操作，学生难以理解机器人导航背后的知识原理。面对该问题，本书依照理论基础讲解→编程实践→综合拓展的思路，同时考虑学生循序渐进的学习过程，逐步深入，注重基础理论讲解和编程实现及关键代码的解释，搭建理论知识与操作实践之间的桥梁，加深学生对机器人导航基本原理的理解，提高学生的动手实践能力。

本书是作者在多年对移动机器人的理论与应用研究的基础上，总结 ROS 应用程序的开发过程，并结合机器人自主导航技术近期的发展而不断完善的。本书内容共 7 章。第 1 章对机器人进行总体介绍，首先介绍机器人的概念、发展历程和分类，然后介绍移动机器人系统的软硬件整体框架，最后简要介绍机器人的关键技术及发展趋势。第 2 章介绍 ROS 的概念、特点及组织结构等，并给出了 ROS 的安装步骤。第 3 章介绍如何在 ROS 中进行用户程序的编写，并实现示例功能。第 4 章介绍机器人定位技术及其基本原理，这是机器人实现自主导航的基础。第 5 章介绍未知地图环境下的同步定位与建图技术，以及该技术在 ROS 中的具体实现。第 6 章介绍移动机器人的主流路径规划算法，并通过 ROS 功能包来实现。第 7 章以一款自主研发小车 Aibot 为例，介绍典型的移动机器人的搭建过程及自主导航功能的实现过程。

本书是在《ROS 机器人系统简明教程》讲义的基础上不断完善而成的。该讲义已在机器人工程、自动化等专业高年级本科生和低年级研究生教学中应用了 5 次，在应用中不断改进。根据对讲义的学习，结合教师的指导，学生均能顺利完成对自主移动机器人的搭建和自主导航过程的代码实现。本书中所涉及的案例均可在 Ubuntu Linux 18.04+ROS Melodic 版本中实现，学生可根据本书中的步骤进行操作，也可通过本书所提供的地址下载相应功能包来观察运行结果。功能包的获取方法：打开网址 www.ecsponline.com，在页面最上方注册或通过 QQ、微信等方式快速登录，在页面搜索框输入书名，找到图书后进入图书详情页，在"资源下载"栏目中下载。

本书撰写分工如下：唐炜负责全书写作思路、框架的构建和第 1 章、第 4~7 章的撰写，张仁远负责第 2、3 章的撰写，樊泽明负责全书的审核。课题组研究生王增辉、张警兮、刘恩博、吴雄伟、楼进、李志参与了本书的资料收集、文稿整理等工作。

机器人自主导航关键技术及机器人操作系统都在快速发展和不断更新中，加之作者水平有限，本书难免存在疏漏之处，恳请读者予以批评指正。

作 者

2021 年 8 月

目　　录

第1章　机器人概述

随着社会的发展和科技的进步，计算机、自动控制以及人工智能等技术迅速发展，机器人的研究也取得了巨大的突破。机器人就是按照预定程序，执行相应任务的智能化机械设备。通过接收并执行人类的命令，机器人可以辅助甚至取代人类做一些工作，也可以按照预定的规则来运行，进而在加工制造业、建筑业、服务业等行业中发挥重要作用。如今，随着机器人自身性能的不断完善，其应用范围也在不断扩大，从特定的工业加工场景，逐渐扩展到智慧农业、物流运输、城市安防，乃至国防安全等领域。因此，机器人已经得到了世界各国的普遍关注，所涉及的机器人系统和其关键技术的研发也成为当今科学与应用研究的热点。

1.1　机器人简介

1.1.1　机器人的概念

"机器人"一词最早并不是一个严格的专业名词。机器人最早出现在20世纪20年代初期捷克的一个科幻话剧中，该剧虚构了一种名为 Robota(捷克语，意为苦力)的机器，可以听从主人的命令并从事各种劳动。实际上，直到20世纪50年代才出现真正能够代替人类进行生产活动的机器人。此后，随着机械、电气、控制以及计算机等相关科学和技术的不断发展，机器人开始大量应用于汽车制造业、电子制造业等工业生产中。

虽然机器人作为名词被提出以及第一台工业机器人的出现都是近100年发生的事情，但是人类渴望拥有机器人的梦想却要回溯到3000多年前。据历史记载，早在西周时期，我国的偃师就研制出了能歌善舞的伶人。春秋末期，鲁班(称为"木匠祖师爷")使用竹子和木料制造出一只木鸟，相传它能在空中飞行，并且可以"三日不下"。国外曾经出现了自动玩偶(现存最早的是200年前的少女玩偶，陈列在瑞士努萨蒂尔历史博物馆里)，这些玩偶是用齿轮和发条制成的，也曾在欧洲风靡一时。由于当时技术条件的限制，玩偶体型都较大。

近代以来，随着第一、二次工业革命的发展以及各种机械装置的发明与应用，世界各地出现了越来越多的机器人玩具。它们本质上都是一类由凸轮、连杆组成的机械往复运动机构。此后，机器人的研究与开发渐渐受到更多人的关注，机器人开始沿着实用化的方向发展。

对于机器人的概念，我们主要从两个层面进行理解，一个是通俗意义上的机器人，另一个就要涉及技术层面了。

(1)从通俗意义上讲，机器人是一个可以自动完成工作的自动化装置。它既可以接收人类的命令，也可以执行已编制的程序，还可以按照基于人工智能技术制定的规则运行。

（2）从技术层面上分析，机器人是一个集环境感知、动态决策与规划、运动控制与执行等多功能于一体的综合机电系统。它集成了传感器、计算机、自动控制以及人工智能等多学科的研究成果，是现代科学技术发展中最活跃的领域之一。

1.1.2 机器人的发展历程

1956 年，美国的发明家德沃尔（Devol）和物理学家恩格尔伯格（Engelberger）成立了世界上第一家机器人公司，名为 Unimation。此后三年，两人又成功发明了世界上第一台工业机器人——Unimate（尤尼梅特），含义为"万能自动"。该机器人的功能与人的手臂类似，可以用来进行搬运、拼装、点焊、喷漆等工作。

1969 年，舍曼发明了斯坦福臂，如图 1-1 所示，这是一种机器人臂。斯坦福臂是世界上第一批完全由计算机程序控制的机器人，它的发明是机器人技术发展的里程碑事件。虽然斯坦福臂仅是用于教育的六轴关节机器人，但其计算机程序控制技术开启了工业机器人的新篇章。

图 1-1 斯坦福臂

图 1-2 WABOT-1 机器人

20 世纪 70 年代初期，日本在仿人机器人方面走在世界前列，日本早稻田大学是日本研究机器人较早的大学之一。1967 年，该校的加藤实验室启动了极具影响力的 WABOT 项目，并于 1972 年诞生了 WABOT-1，如图 1-2 所示。该机器人为具有仿人功能的两足机器人。机器人高约 2m，重 160kg，拥有肢体控制系统、视觉系统和对话系统，还有四肢，全身共 26 个关节，可以自主导航和自由移动，甚至可以测量物体之间的距离。手部还装有触觉传感器，这意味着它能抓住和运输物体。WABOT-1 是世界上第一个全尺寸人形智能机器人，加藤一郎后来被誉为"仿人机器人之父"。

1973 年，德国库卡公司发布了第一个具有六个机电驱动轴的工业机器人 Famulus。1976 年，机器人 Viking 1 和 Viking 2 登陆火星，它们是众所周知的火星漫游者的先驱。特别之处是它们由热电发电机提供动力（该发电机利用衰变钚释放的热量提供电能）。1976 年，东京工业大学发明了 Shigeo-Hirose 软钳机器人，它可以自动适应抓取物体的外部形状，其设计思想源于对自然界柔性结构的仿生研究，如象鼻等。

20 世纪 80 年代，机器人正式进入了普通民众的消费市场，大部分都是简单的玩具。其中，机器人玩具 OmniBot 2000 风靡一时，如图 1-3 所示。该机器人具有远程控制功能，配备了一个托盘，用于摆放饮料和零食。另一个备受追捧的机器人玩具是任天堂的 R.O.B，它是任天堂娱乐系统的机器人播放器，可以响应六种不同的命令。

1989 年，麻省理工学院成功研制了一种名为 Genghis（成吉思汗）的六足机器人，如图 1-4 所示，它拥有 12 个伺服电机和 22 个传感器，足式运动可以帮助它穿越各种不平整的地形，被认为是具有里程碑意义的机器人之一。

图 1-3　机器人玩具 OmniBot 2000　　　　　　　　图 1-4　六足机器人 Genghis

1997 年，旅居者号 Sojourner 漫游车（以非裔美国人活动家 Truth 的名字命名）登陆火星（图 1-5），该车探索了约 250m² 的火星表面，并回传了 550 张火星照片。

2000 年，美国麻省理工学院人工智能实验室仿人机器人小组研制了一款最早出现的社交机器人 Kismet，能够识别和模拟人的情绪。同年，本田的人形机器人 ASIMO 登上舞台，如图 1-6 所示，该机器人是一种智能仿人机器人，它能够散步、交谈、跟陌生人握手等。

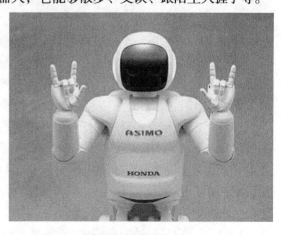

图 1-5　机器人 Sojourner　　　　　　　　　　　图 1-6　机器人 ASIMO

21 世纪初，"勇气号"机器人被美国国家航空航天局送到火星表面。该机器人安装了高性能计算机和高清摄像头，这代表移动机器人技术的研发进入了新阶段。2005 年，受陆军研究实验室支持，波士顿动力公司发布了新一代"机械狗"BigDog 军用移动机器人，如图 1-7 所示。它设计成一种军用负重机器人野兽，身体上装有 50 个传感器。BigDog 不使用轮子，而是使用四条腿进行运动，从而使它在复杂地形中保持了良好的通行能力。该机器人可以在战场上为士兵运送补给物品，具有较强的载重和平衡能力，能够避开复杂地形中的各种障碍进而完成任务。

2019 年，麻省理工学院新推出的机器人 Cheetah(猎豹)如图 1-8 所示，从外形上来看，它就像一只看不到脑袋的猎豹。该机器人拥有超强的运动能力，可以完成 360°的后空翻动作，是首个实现了后空翻的四足机器人。它的行走速度大约是普通人行走速度的两倍。该机器人具有自平衡能力，即使被推倒也能快速恢复站立姿态。

图 1-7　波士顿"机械狗"BigDog

图 1-8　机器人 Cheetah(猎豹)

我国工业机器人始于 20 世纪 70 年代初，前后经历了摇篮期、成长期和高速发展期。70 年代初，在时任中国科学院(中科院)沈阳自动化研究所所长蒋新松教授的推动和倡导下，我国开展了中国机器人技术方面的早期探索和研究，在机器人控制算法和控制系统设计等方面取得了一定的突破。

1977 年，我国第一个以机器人为主题的全国机械手技术交流大会在浙江嘉兴召开；其后的几年间，我国开始不断与国际上的机器人专家展开学术交流，从而加快了我国机器人发展的脚步。此后，多个省市对机器人及其相关应用工程项目进行了专项扶持，其中哈尔滨工业大学就在国家和地方支持下对焊接机器人展开了研发。

1982~1984 年，中科院沈阳自动化研究所成功建成了机器人工程中心，主要研发智能机器人和水下机器人。1985 年，上海交通大学机器人研究所自主研制了"上海一号"弧焊机器人，这是中国第一台 6 自由度关节机器人。1988 年，该所完成了"上海三号"机器人的研制。20 世纪 80 年代末，国防科技大学开始组织对汽车无人驾驶技术的攻关，并于 1992 年研制出国内第一辆无人驾驶汽车。

1994 年，中科院沈阳自动化研究所联合多家单位成功研制了我国第一台无缆水下机器人"探索者号"。整个机器人由水上和水下两个部分组成，包含载体、电控、声学、导航等系统，涉及水声通信、自动驾驶、导航定位、多传感器融合、高效深潜、水面收放等多项先进技术。它的成功研制标志着我国水下机器人技术已慢慢走向成熟。在"探索者号"的基础上，中科院近年来又研制出了高级智能水下机器人——"大黄鱼"。它拥有着萌萌的外观和高超的深潜技术，而其最大的亮点就是可以自主决策是继续航行还是回收。经过水下实验后，"大黄鱼"也成为海洋科考的新利器。

　　进入 21 世纪，我国机器人的研究迈向全面发展时期。国防科技大学历时 10 年，于 2000年成功研制出了我国第一个仿人机器人——"先行者"。就像其名字描述的那样，"先行者"可以实现行走的功能，它行走时较灵活，既可以稳步前进，又可以自如地转弯、上坡，还可以适应一些小偏差、不确定的环境。成立于 2000 年的新松机器人自动化股份有限公司研制出了具有自主知识产权的上百种机器人产品，涉及服务机器人、特种机器人、工业机器人和移动机器人等。

　　2003 年，清华大学在室外机器人研究平台 THMR-Ⅲ 的基础上研发出智能车 THMR-Ⅴ，如图 1-9(a)所示，它能够利用多传感器融合信息进行局部和全局规划，实现结构化环境下的车道线自动跟踪、远程视觉遥控等功能。2009 年，由国家自然科学基金委员会主办的"中国智能车未来挑战赛"在西安拉开帷幕，此后该项赛事持续举办，不断展示我国智能车研究的最新进展。2015 年，百度开始大规模投入无人驾驶汽车技术研发，随后发布了一项名为"阿波罗"的新计划，目的就是面向汽车行业提供一套完整、开放、安全的开源软件平台，帮助车企快速搭建一套属于自己的自动驾驶系统。

(a) 清华大学智能车THMR-Ⅴ

(b) 浙江大学"绝影"四足机器人

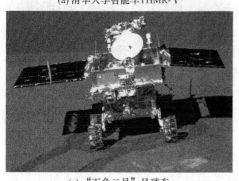

(c) "玉兔二号"月球车

(d) "祝融号"火星车

图 1-9　国内机器人成果

2018 年，浙江大学发布了自主研制的四足机器人——"绝影"，如图 1-9(b) 所示。它具有较强的感知和运动能力，掌握了跑跳、爬梯、自主蹲下再站起来等许多能力，即使摔倒在地，也能够自动调整身体方位重新站立。2019 年"玉兔二号"月球车(图 1-9(c))与 2021 年"祝融号"火星车(图 1-9(d))的成功着陆，标志着我国在空间探测领域取得巨大进展，它们不仅搭载着多种探测仪器，还可以通过与中继卫星的通信完成环境感知与路径规划功能，安全到达指定地点。

1.1.3　机器人的分类

从结构上看，机器人包含传感器、操作器、控制系统、机械传动等部分。但是由于机器人的应用环境、移动方式的不同，其具体的实现形式也是千差万别的。因此，下面将从不同的角度对机器人的类别进行探讨。

(1) 根据移动方式来分，机器人可分为轮式、履带式、足式、爬行式和特殊式(如吸附式、轨道式)等类型。轮式机器人可以在平坦路面上高速移动。缺点是在松软路面上轮子容易打滑，且无法适应复杂地形。履带式机器人的履带与地面接触面积大、较平稳，能更好地适应松软地形，如沙地、泥地。缺点是对高低落差较大的地形无能为力。足式机器人适于凹凸不平的地面环境，几乎可以适应各种复杂地形。缺点是行进速度较慢，且重心高，易侧翻。蛇形机器人属于爬行式，它具有稳定性好、横截面小、柔性好等特点，能够在弯曲的狭小空间移动，并可攀爬障碍物。特殊式机器人主要适应特殊场合，如管道爬行。

(2) 根据功能和用途来分，机器人可分为工业机器人、服务机器人和特种机器人。工业机器人具有一定的自动能力，可依靠自身的动力能源和控制能力实现各种工业加工制造功能，常见于工业多关节机械手或多自由度的机器装置。服务机器人又可以细分为专业领域服务机器人和个人/家庭服务机器人，服务机器人的应用范围很广，主要从事维护、运输、消毒、安保、巡检等工作。特种机器人则应用于专业领域，一般由经过专业培训的人员操作或使用，可以辅助或代替人执行任务。

(3) 按工作环境来分，机器人可分为陆地机器人、管道机器人、水下机器人和空中机器人等。陆地机器人起步早，而且应用广泛，从家用小型移动机器人到送餐机器人，再到无人驾驶汽车，陆地机器人遍布我们生活的各行各业，依靠其自主定位、自主导航以及避障功能，协助或者取代人完成复杂高危的工作，到逐步代替人完成日常琐碎的工作，未来也将大规模应用于战争场景，推动陆地无人智能集群作战方式。管道机器人可以携带多种传感器和操作装置，在操作人员的控制下可在管道内壁行走，从而实现检测和维护管道的功能。其中传感器和操作装置可以是 CCD 摄像头、位置和姿态测量传感器、超声传感器、管道清理装置、管道焊接装置、机械手等。水下机器人可以从事海洋开发的工作，如海洋科学研究、海上救援、海底勘测、深海打捞等。空中机器人在通信、气象、灾害检测、智慧农业等领域都有广泛的应用，目前其技术已日渐成熟，逐步向模块化、智能化方向发展。同时与空中机器人相关的技术，如传感器探测结构材料、飞行控制等也正处于飞速发展的阶段。

本书中所述的机器人指轮式机器人，从功能和用途方面考虑，该类机器人多为服务机器人；从工作环境角度考虑，则为陆地机器人。目前对于移动机器人来说，轮式是应用最多的一种类型，高效的移动速率是这类机器人的主要优势。

1.2　移动机器人简介

1.2.1　移动机器人整体框架

机器人系统涵盖了机械传动、环境感知、任务规划、运动控制器四部分。环境感知是机器人通过外部传感器进行的，而内部传感器信息则用来反映机器人实际运动状态，机器人运动控制器接收来自传感器的检测信号，根据操作任务的要求驱动机器人各执行机构完成相应的工作。

机器人系统结构示意图如图 1-10 所示。机械传动系统包括同步带、链条、齿轮系和谐波齿轮等，将运动传导至关节，实现每个自由度的运动。移动机器人利用内部传感器获取自身的各种状态信息，并结合外部传感器所检测到其所处的各种环境信息（路面、障碍物等），确定机械部件各部分的运行状态，通过作业命令及反馈信息支配执行机构完成规定动作，并实时做出决策，实现实时躲避障碍物、寻找最优路径、完成自主移动与轨迹跟踪等基本功能。因此，从本质上讲，移动机器人是一个集成了环境感知、动态决策、运动规划与运动控制等多项功能的复杂综合系统。

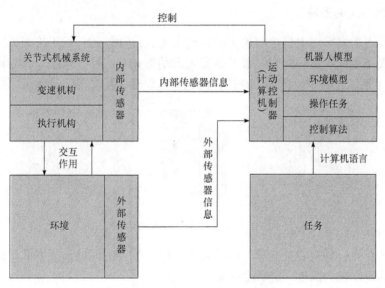

图 1-10　机器人系统结构示意图

机器人是基于实际硬件平台运行的，根据功能及种类的不同，机器人硬件系统也有所差异。而感知通常是决策的前提和条件，因此感知系统是机器人的重要系统。接下来将详细介绍移动机器人的感知、控制、导航、运动规划与机器人操作系统等方面的内容。

1.2.2　移动机器人的感知

　　机器人的感知系统是机器人获取外部环境信息以及进行内部反馈控制的基本功能单元，类似于人的视觉、触觉、听觉等感官与神经系统。机器人感知系统可以将机器人的内部状态信息和环境信息由信号转化为机器人或者机器人之间能理解和交流的数据、信息，甚至知识。

　　根据信息的不同，机器人传感器可以分为视觉、触觉、听觉、嗅觉等几大类。视觉是获取信息最直观的方式；对于机器人，视觉信息处理一般分为图像获取、图像处理和图像理解等过程。触觉传感器尚不能实现人体全部的触觉功能，因此，现有研究以扩展机器人所必需的触觉功能为主要内容。对于听觉而言，听觉系统使得自然的人机对话成为可能，机器人能够听从人的指挥。要达到这一目标，语音技术至关重要，它包括语音识别技术和合成技术两个方面。机器人嗅觉系统通常包含了各类化学传感器和辅助的模式识别算法，可用于检测和鉴别各种气味。

　　机器人系统的传感器包括内部和外部两种传感器。其中，内部传感器常用来确定机器人在惯性坐标系内的位姿，是移动机器人运动控制必不可少的传感器。而外部传感器主要用于机器人感知外部环境，并确定它和外部环境的位置关系。

　　移动机器人常用的传感器有激光雷达、毫米波雷达、相机、惯性传感器、编码器等。其中，激光雷达、毫米波雷达和相机是用来感知外部环境的，惯性传感器、编码器是测量机器人自身位姿的。本书将在第 4 章对各主要传感器的工作原理及它们对机器人运行的用途进行详细介绍。

1.2.3　移动机器人的控制

　　移动机器人大多采用电机控制轮子的转动来完成运动控制。对于轮式机器人，不同的底盘构造代表了不同的运动形式。常见机器人运动形式有三种：单舵轮、双轮差速和双舵轮，如图 1-11 所示，其中黑色为主动轮，白色为从动轮，舵轮的主动轮可以旋转角度。

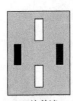

　　　　　　单舵轮　　　　　　　　　双轮差速　　　　　　　　　双舵轮

图 1-11　常见移动机器人运动形式

　　单舵轮的优点：转向较为简单，不需要考虑电机配合的问题，成本低且开发难度小。缺点：实现的动作较为简单，灵活度一般。

　　双轮差速的优点：差动轮是通过两轮的差动来实现转向的，因此可以实现原地转圈的动作，机体非常灵活，且差动轮对电机控制的精度要求不高，所以成本低。缺点：运动精度有限。

　　双舵轮的优点：转向时不需要调整车头，仅通过调整两个舵轮的角度和速度，就可以实现以任意点为半径的转弯运动，具有很强的灵活性。缺点：两套舵轮会增加成本，且需要完成多轮差速运动，这对电机控制精度的要求较高，增加了技术难度和成本。

对于上述不同运动形式的底盘结构，需要不同的控制算法来实现，均在机器人操作系统中进行了实现。本书的实例采用了双轮差速结构，将在第 7 章中对双轮差速结构的控制原理及实现方法进行介绍。

1.2.4 移动机器人的导航

机器人导航方式主要有惯性导航、路标导航、视觉导航及激光导航等，而激光导航凭借其灵活自主的优势，成为当下实现机器人自主移动的主流导航方式。

1. 惯性导航

惯性导航技术的基本原理是首先依靠机器人的方位角测量值和从某一参考点出发的行驶距离来确定机器人的当前位置；然后，借助已有的地图信息，控制移动机器人的运动，实现机器人的自主导航功能。

惯性导航先通过测量载体在惯性参考系中的加速度和角加速度解算出运动载体的位置信息，然后将其变换到导航坐标系，最终得到在导航坐标系中的速度、偏航角和位置信息等。惯性导航解算过程如图 1-12 所示。

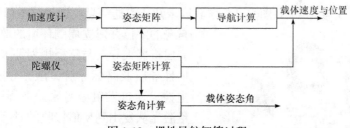

图 1-12　惯性导航解算过程

惯性导航不容易受到外界因素的干扰（如气候、光照等），但是它会随着时间的推移产生累计误差，因此惯性导航适用于短时间的精确定位。在实际应用中，惯性导航一般结合其他方式来使用，其作用是辅助其他传感器实现长时间的精确定位。

2. 路标导航

路标导航需要在环境中提前布置特殊的标记，这些标记固定在环境中某些具体的位置，但它的形式比较多样化，可以是特殊的符号，也可以是二维码等。机器人可通过传感器获取路标信息来获取其当下所处的位置。该导航方式通常需要在机器人所处的环境中提前贴上标记码，实现起来相对容易。一般在仓储物流中会设置专门的轨道路线，利用路标辅助移动机器人定位与导航。但是这种方式容易受环境光照的变化，有时候路标的损坏也会对导航产生一定的影响，所以稳定性较差。在实际应用中，路标导航经常用于环境信息已知的室内场景中，同时它也可以辅助其他传感器对定位的误差进行修正，进一步提高定位与导航的精度。

3. 视觉导航

视觉导航采用计算机视觉技术，主要用于室内定位导航。原理是通过视觉传感器拍摄周围的图像，然后利用相邻帧的图像信息来估计机器人的运动轨迹，同时建立周围环境的地图。图 1-13 为常用的视觉摄像机。

图 1-13 视觉摄像机

视觉导航的优点是摄像头价格便宜，且可以提供丰富的环境信息，分辨出周边物体的纹理，从而完成人和物体的识别。但是，图像运算需要耗费大量的硬件资源，图像不仅占用储存空间大，而且大量矩阵运算也比较复杂。此外，视觉传感器容易受到光线的影响，光线过强或者过弱都会严重影响图像质量，造成识别困难。

4. 激光导航

激光导航利用激光雷达(图 1-14)来获取未知环境的信息，通过这些信息来完成机器人

图 1-14 激光雷达

自身的定位并建立周围环境的地图，在此基础上完成机器人导航与路径规划等多种功能。相比于惯性导航及路标导航，激光导航更具灵活及自主性，通过发射激光来获取周围环境信息，测量激光从发出到反射接收的时间，从而计算出雷达与障碍物间的距离。通过算法的处理，建立环境模型，并在不断的扫描测距中获取位姿及行走路线。与相机相比，激光雷达的测量精度更高，同时也不会受到光照等因素的影响，稳定性好。

1.2.5 移动机器人的运动规划

运动规划与导航技术都是移动机器人不可或缺的技术，运动规划的主要方法有基于事例的学习规划方法、基于行为的路径规划方法和基于环境模型的规划方法。

基于事例的学习规划方法就是当遇到新的问题(即新的事例)时，可以通过匹配和修改过去已有的旧事例来进行学习和求解。该方法可以使得移动机器人导航具有更好的自适应性和稳定性。

基于行为的路径规划方法是美国著名的机器人制造专家布鲁克斯创建的一套自主机器人设计方法。该方法采用了动物进化自底向上的原理体系，尝试在一个简单的智能体中建立一套复杂的系统。它可以把导航问题分解为许多相对独立的模块单元，如跟踪、识别、导航等。

基于环境模型的规划方法的核心是需要先建立一个关于机器人运动环境的环境模型。在现实中，由于很多时候移动机器人的工作环境具有不确定性（包括非结构性、动态性等），移动机器人无法建立全局环境模型，而只能根据传感器信息实时地建立局部环境模型，所以局部环境模型的实时性、可靠性成为影响移动机器人是否可以安全、连续和平稳运动的关键因素。环境建模的方法基本上可以分为两类：一类是网络/图建模方法，主要包括自由空间法、顶点图像法、广义锥法等，其优点是可以得到比较精确的解，但是计算量较大，很难应用于实际；另一类是基于网格的建模方法，这种方法更易于实现，所以应用比较广泛。其典型的方法，如四叉树建模法及其扩展算法等。根据已知环境信息的完整程度，基于环境模型的规划方法还可以细分为环境信息完全已知的全局路径规划和环境信息未完全已知的局部路径规划。在环境信息完全已知的情况下，全局路径规划的设计目标是寻找最优的规划效果。目前该领域已有许多成熟的方法，包括可视图法、惩罚函数法、拓扑法、栅格法及 Voronoi 图法等。

1.2.6 机器人操作系统

由于移动机器人需要配置大量的传感器和执行器，需要多样化的驱动程序，此外涉及的算法框架也存在很大区别，软件系统涉及的技术领域很多，搭建机器人系统的工作量是十分巨大的。机器人操作系统（Robot Operating System，ROS）针对以上问题，将已有的开源资源进行整合，同时针对机器人系统的特点，开放了相关接口，极大地简化了软件开发难度。本书将 ROS 作为软件底层，完成机器人系统以及相关算法的实验验证。

ROS 是开源的机器人操作系统，该系统提高了开发过程中代码的复用性和移植性。同时它也可以兼容 C++、Python、Java 等多种语言编程，有利于 ROS 的发展与开发。ROS 集成了许多与机器人开发过程相关的工具，这些工具可以为机器人开发过程提供便利，提高了开发效率。在后续章节中，我们将深入学习 ROS 基础知识，并在 ROS 中完成与移动机器人相关的开发和应用。

1.3 移动机器人发展

1.3.1 移动机器人的关键技术

移动机器人包含了信息科学、传感仪器、机械、仿生学等多个学科，其中环境感知、自主定位和路径规划是其技术的三大核心技术，下面将分别进行介绍。

1. 环境感知

环境感知技术是移动机器人通过传感器获取周围环境的数据，并对各种数据进行融合处理，进而得到周围环境的物理信息（包括各种位置信息与特征尺寸信息），最终为导航任务提供可靠信息的过程。对外部环境一无所知时，移动机器人只能依靠自身传感器去获取周围环境的信息，才可以进一步完成定位、构图与路径规划等复杂任务。因此环境感知是移动机器人自主导航技术的基础。

在实际应用中，机器人通常采用两种方法来实时获取周围的环境信息：一种是基于视觉或雷达等传感器的检测信号；另一种是基于通信网络来为机器人提供周围的环境信息。基于通信网络获取信息的方法一般应用于无人驾驶领域中，如为无人驾驶汽车提供周围的道路情况等。目前在机器人室内应用场景中，以激光雷达为主、其他传感器为辅的工作模式已能胜任大多数场景。移动机器人自主环境感知技术已相对成熟；而在室外应用场景中，场景的变化、光照的变化、应急突发事件等不确定性，使得环境感知变得相对困难。

依靠多传感器的多源信息融合技术为解决机器人室外环境感知问题提供了解决思路。将多个传感器信息进行有效融合，通过不同传感器的信息冗余、互补，能获取机器人所处空间的大部分信息，从而全面提升机器人的感知能力，因此，综合利用激光雷达，超声波、深度摄像头、毫米波等传感器获取位置、运动信息来实现机器人对周围环境的感知已成为当前机器人发展的趋势。当然，在实际应用中，并非所使用的传感器种类越多越好。针对不同环境中机器人的具体应用，需要综合考虑各传感器数据匹配、计算负荷、购置成本等因素。

2. 自主定位

移动机器人要实现自主运动，离不开准确的定位。自主定位是机器人利用先验地图信息、传感器的观测值和机器人位姿的估计值等信息，准确地估计出机器人当前位姿。

移动机器人所使用的传感器决定了其定位方式。目前，比较常用的传感器包括惯性测量单元、卫星定位系统、激光雷达、相机等，但是在一些场景下定位精度严重影响着机器人的推广应用。目前 GPS 虽然能提供较高定位精度，但在室内环境或者室外遮挡情况下会出现 GPS 信号弱甚至丢失的情况，而惯性测量又会引入累计误差，无法长时间工作，这些因素都会导致机器人位置丢失，限制了移动机器人的应用。为了解决定位精度的问题，多传感器融合的定位方式得到了越来越多的应用，各类传感器优势互补，从而提升机器人的定位精度。

另外，同步定位与建图 (Simultaneous Localization and Mapping，SLAM) 技术发展迅速，提高了移动机器人的定位及地图创建能力。SLAM 由 Durrant-Whyte 和 Leonard 在 1988 年提出。SLAM 技术被定义"机器人从未知环境的未知地点出发，在运动过程中通过重复观测到的地图特征定位自身位姿，再根据自身位姿增量式构建地图，从而达到同时定位和构建地图的目的"。SLAM 的实现方式因传感器不同而有所区别。具体而言，SLAM 技术可分为视觉 SLAM 和激光 SLAM。激光 SLAM 比视觉 SLAM 拥有更高的技术成熟度。基于视觉的 SLAM 方案目前主要有两种实现路径：一种是基于结构光的 3D 深度摄像机，如Kinect；另一种就是基于单目、双目摄像头。视觉 SLAM 目前尚处于进一步研发和应用场景拓展、产品逐渐落地阶段。

3. 路径规划

路径规划的最终目的是在起点与终点之间寻找一条最优或次优的可行路径，同时自主避开障碍物。最优也有不一样的评价指标，如用时最短、路线最短、工作代价最小等。虽然建立好了环境的地图，但是机器人在导航的过程中会遇到一些地图中没有的障碍物，因此根据对环境信息的了解程度不同，一般情况下路径规划可分为全局路径规划和局部路径规划。

全局路径规划就是基于目前已知的环境信息，为移动机器人规划一条全局的最优路径。但是路径规划对环境的依赖性很强，一旦环境发生变化，如出现未知的障碍物时，该方法的缺陷就体现出来了。由于全局路径规划是一种提前规划，对系统的实时运算能力没有太高的要求，但是同时也存在环境模型的错误信息以及噪声鲁棒性差的问题。

局部路径规划则是在环境信息完全未知或有部分可知的情况下，偏向于当前的局部环境信息，利用传感器对机器人所处环境进行探测，以获取障碍物的位置、几何尺寸等重要信息，从而让机器人具有良好的避障通过能力。由于该方法将对环境的搜索与建模融为一体，在搜集环境数据的同时，动态更新环境模型，所以对机器人系统的计算能力、实时性以及算法的鲁棒性都有较高的要求。但是，该方法也存在不足之处，由于缺乏全局环境信息，所以有可能找不到最优路径，甚至找不到正确路径或完整路径。

在现实场景中需将两种方法灵活融合，方可为机器人规划出一条更合适的路径。

1.3.2　移动机器人的发展趋势

1. 多传感器融合

在实际应用中，如果只安装一种传感器，所获取环境的信息准确性较低，导致机器人无法正确识别真实环境，从而会对移动行为决策产生不利的影响。因此，可同时使用视觉、雷达等多个传感器进行信息互补，以提高信息获取的准确性。例如，激光 SLAM 和视觉 SLAM 拥有各自的优势，单独使用都有其局限性，而融合使用则可能带来巨大的性能提升。视觉 SLAM 能够提供更多纹理特征信息，并能为激光 SLAM 提供非常准确的点云匹配，而激光雷达能提供精确方向和距离信息，在光照严重不足或纹理缺失的环境中，激光 SLAM 的定位可帮助视觉 SLAM 完成定位与建图。

2. 多机器人协同

对于大场景的工作环境，单个机器人的路径规划和工作效率很难满足任务要求。通常可采用多个机器人相互协调合作，共同完成指定的任务。相比单机器人系统，多机器人系统具有更强的优越性，具体表现为：①多个简单机器人比单个复杂机器人具有更低的技术难度；②多个机器人可以提高系统在遭遇突发事件时的柔性和鲁棒性；③通过共享资源（信息、知识等）可以弥补单机器人系统能力的不足，扩大系统完成任务的能力范围，增强系统的性能和效率。

3. 机器人智能化

随着科学技术的不断发展，移动机器人从开始的机械行动到逐渐智能化，但是当前的智能化仍处于较初级的阶段。未来机器人的发展要尽可能减少人为的干预，不断提高其智能化水平。决定移动机器人的智能化水平的主要指标包括自主性、适应性和交互性。自主性是指机器人能根据任务需求和周围的环境，自主确定工作方式和步骤。适应性要求机器人不但能够识别和检测周围的物体，还能够分析周围环境，并做出正确的决策判断。交互性是智能产生的基础，交互包括人与机器人、机器人与机器人，乃至机器人与外部环境之间的交互，主要涉及信息的获取、加工和理解。不断提高智能机器人的自主性，就是希望机器人具备一定的决策能力，而人处于控制链的顶端，只需要对一些重要的高级决策负责。而提高机器人的适应性，是就机器人与环境的关系而言的，目的是让机器人能够适应环境的变化，甚至具备一定的自学习能力。

　　如今，我们生活在一个人机共存的世界中，从总体上来说，未来的移动机器人将会从传感技术和集成技术、机器学习、人机接口和多智能体协同等方向发展。此外，让移动机器人具备类人的情感也将会是未来机器人发展的重要方向。

第2章 ROS 简介

第 1 章介绍了移动机器人的基本知识，本章将介绍机器人的大脑——机器人操作系统。学习完本章，读者可以了解到什么是 ROS，它有哪些特点，以及它的基本组织结构是什么等。同时，读者可以亲自动手尝试安装 ROS，并切身体验它的优越之处。

2.1 ROS 概述

Robot Operating System（ROS）译为机器人操作系统，是一种以开源的形式为广大机器人开发者提供一系列软件包、代码库以及多种开发工具的二级操作系统。该操作系统集成了丰富的工具、代码库和协议等，简化了对机器人的操作及控制，受到广大机器人学习者与开发者的青睐。通过在 ROS 中编写程序，运行相应的节点，用户不仅可以实现虚拟平台下的机器人仿真，还可以通过键盘、遥控器等外部设备控制实物机器人完成相应的运动。

在 ROS 中开发的程序，可在不同机器人平台上进行复用，该功能降低了不同机器人之间的跨平台创建复杂度。同时，ROS 提供了一系列操作系统服务，包括常用函数的实现、各个进程之间的消息传递、硬件资源的管理等。ROS 也提供编写、编译、获取、运行代码所需要的多种库函数和工具，极大地方便了应用程序的开发。

2.1.1 ROS 的产生

机器人是一个具有高耦合性、高复杂性的系统，该系统由各种硬件与软件模块组成。在早期，各机器人相关组织与公司开发了外部设备来匹配机器人产品，但都不能独立完成整个机器人系统的研发设计。为了能提高机器人研发效率，需要一套系统框架来组织复用他人的开源成果，避免相同工作的大量重复。在这种开源分享的需求下，2007 年，Willow Garage 公司与斯坦福大学人工智能实验室联合开发了个人机器人项目 PR2（图 2-1）。PR2 机器人拥有丰富的环境感知能力，依靠机器人身体各部位的传感器与周围环境进行信息交互，包括安装于面部的高分辨摄像头、

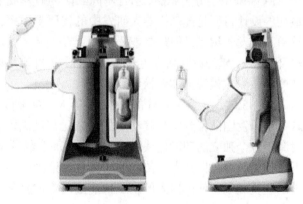

图 2-1　PR2 机器人

关节处的激光测距仪、底盘的惯性测量单元等。PR2 的运动依靠机身底盘的轮子完成，控制单元为两台 8 核的计算机，安装于机器人底盘，通过 ROS 及应用程序实现机器人的通信与运动控制。

图 2-2　ROS 图标

PR2 机器人可依托 ROS 框架进行一系列类人化操作，如做饭、叠衣服等。2010 年，ROS 被 Willow Garage 公司以一种开源的形式发布，ROS 图标如图 2-2 所示。ROS 的发布得益于 PR2 的出现，此后，ROS 受到越来越多的关注。

2.1.2　ROS 的发展

到目前为止，ROS 已经发行了多个版本，第一个版本为 2010 年 3 月发布的 ROS Box Turtle，自 2014 年以来发行的版本如表 2-1 所示。

表 2-1　ROS 各版本列表

版本	发行时间	操作系统平台
ROS Noetic Ninjemys	2020 年 5 月	Ubuntu 20.04
ROS Melodic Morenia	2018 年 5 月	Ubuntu 17.10、Ubuntu 18.04、Debian 9、Windows 10
ROS Lunar Loggerhead	2017 年 5 月	Debian 9、Ubuntu 16.04、Ubuntu 16.10、Ubuntu 17.04
ROS Kinetic Kame	2016 年 5 月	Ubuntu 15.10、Ubuntu 16.04、Debian 8
ROS Jade Turtle	2015 年 5 月	Ubuntu 14.04、Ubuntu 14.10、Ubuntu 15.04
ROS Indigo Igloo	2014 年 7 月	Ubuntu 13.04、Ubuntu 14.04

2.1.3　设计目标

ROS 采用了分工思想，结合不同团队的研发成果，提高机器人的研发效率。因此，ROS 最初的设计目标是提高机器人研发中的代码复用率，通过分布式的架构，每个功能模块能够单独开发、编译，但最终能松散耦合在一起，完成特定功能。同时，为了实现分享与协作开发，ROS 的设计目标也包括使 ROS 尽可能小型化、可移植性更强、测试更方便、安装或卸载测试模块更加轻松便捷等。

图 2-3 展示了多种形式的 ROS 机器人，对于移动机器人的研制，单独的一个开发者或者一个研发团队很难实现其功能的复杂化与最优化。在 ROS 框架下，机器人的各功能模块封装于各个独立的功能包或程序包中，从而容易分享和发布于 ROS 社区中，用户可以免费下载使用，也可以开发上传新的功能包。这种框架可广泛汲取他人在机器人功能设计中突出的经验成果，使机器人的发展快速面向更加复杂与智能化的场景，从而推动机器人领域技术的发展。

图 2-3　ROS 机器人

2.2　ROS 主要特点

ROS 采用分布式的架构，实现多种不同类型的数据通信，进而实现预定功能。ROS 的主要特点如下。

1. 点对点设计

ROS 采用每个节点代表一个进程，这些节点可以分布于不同的主机，进行单独的编译。不同节点（可位于不同主机）通过点对点的方式实现不同进程之间的通信。节点间的通信过程为数据从发布节点到接收节点的传输，这一过程通过远程调用（RPC）协议来完成，如图 2-4 所示。ROS 点对点的设计机制解决了在中心服务器软件框架下，多主机网络连接方式不同导致的数据处理问题。将一些复杂功能带来的计算机实时计算压力分散开来，提高了系统实时性，满足分布式多机器人系统的控制要求。

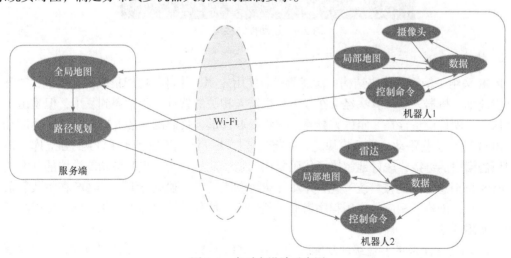

图 2-4　点对点设计示意图

2. 多语言支持

ROS 支持多种编程语言进行开发，目前 ROS 支持的语言包括 Python、GNU Octave、Java、C++、Lisp 等，如图 2-5 所示，同时它也支持不同模块不同编程语言的组合。多语言支持的特点解决了编程者在编写代码时习惯性使用一种语言而对编程语言有特殊要求的问题，更有利于 ROS 的开发与发展。

图 2-5　ROS 支持的编程环境

ROS 中各模块之间的消息传输接口不依赖于某种具体的语言，消息结构简洁且允许消息合成，从而实现多语言交叉。图 2-6 所示为 ROS 中的某个运动控制接口，相对于 ROS 这一强大的代码库，它只是其 400 多种消息类型中的一个。这些消息通过相应的机制向机器人发送数据，使机器人实现对所处环境的感知与监测。最终效果是 ROS 不依赖于特定语言的处理过程，又很好地实现了交叉使用多种语言。

```
zjx@zjx:~$ rosmsg show geometry_msgs/Twist
geometry_msgs/Vector3 linear
  float64 x
  float64 y
  float64 z
geometry_msgs/Vector3 angular
  float64 x
  float64 y
  float64 z
```

图 2-6　运动控制接口

3. 精简与集成

ROS 采用了精简的代码结构，提高了代码使用效率，并将各功能集成到功能包，提升了开发效率。机器人驱动算法经常在很多与机器人相关的软件工程中得到复用，但是由于编程语言、硬件设备存在一定的差异等，很难提取大部分代码的功能并应用于其他功能开发。ROS 则将这些驱动、算法模块化，并将这些模块设计成不依赖于 ROS 的独立库，通过对所需模块的链接，较好地解决了代码复用问题。此外，为了提高各功能模块的开发效率，ROS 将消息之间的接口统一化，并使各功能模块可以单独进行编译。ROS 在封装复杂功能代码时，创建了相应的应用程序来显示其功能，使其设计更加人性化，同时也提高了代码的使用效率。

ROS 将许多集成的专业级的功能包分享在 ROS 社区，方便开发者利用现有的丰富资源进行机器人的开发设计。ROS 社区中的开源代码(源码)极大地方便了使用者学习开发，用户只需要调用相应的 API 即可。例如，要借鉴 OpenCV 的视觉与图像处理算法或 OpenRAVE 的规划算法，只需要在官网中下载相应的工具包，或对其进行一些微小的改动，便可应用于自己需要的功能开发中。此外，社区维护也会从其他的应用补丁中对 ROS 源代码进行不断的升级。

4. 工具包丰富

ROS 提供了多种多样的工具来管理 ROS 软件框架，使得机器人开发更加便利。例如，ROS 提供的可视化工具包，可帮助开发者进行 3D 建模与数据分析，直观地理解各种数据的含义等。ROS 的可视化工具包括三维可视化工具 RViz(Robot Visualizer，实现可视化机器人的各种数据并控制机器人的运动)、Qt 工具箱 rqt、三维物理仿真平台 Gazebo(用于构造含有物理属性的机器人仿真环境)、数据记录工具 Rosbag(用于录制指定的主题)等。丰富的工具包的使用，极大地提高了开发效率。

5. 免费且开源

ROS 社区中所有的代码均开源免费，方便用户下载与使用，促进了 ROS 软件各层次的开发与调试。同时，不同的软件开发人员可以在使用中不断发现问题并加以修改，也可以上传自己开发的软件包，这一特点极大地提高了机器人的开发速度。ROS 的开发者与使用者数量不断增加，社区中 ROS 软件包的功能不断丰富，这一正向循环特点不断地推动着机器人领域的快速发展。

2.3　ROS 组织结构

ROS 的组织结构为三级结构，如图 2-7 所示。计算图级负责展现节点通信及实现基层代码，文件系统级集合计算图级的节点用以实现特定功能，社区级负责对 ROS 资源进行获取和发布。

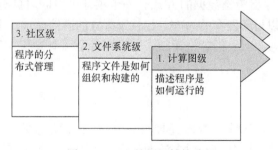

图 2-7　ROS 的组织结构分级

2.3.1　计算图级

计算图级用来描述 ROS 中功能是如何实现的，其组成结构如图 2-8 所示。ROS 为了使其系统能适应多种多样的外部设备及程序代码，通过设立节点来实现部分功能，节点之间通过主题、服务来实现消息的流通。

1. 节点

节点是 ROS 用来表示进程的单元，通常用来实现某个简单独立的功能。节点之间通过主题、服务等进行端对端的通信，共同组成分布式（模块化）架构。

通过 rqt_graph 命令（ROS 提供的工具之一），可以将端对端的通信关系可视化，映射为节点连线图。其中每个节点代表正在运行的进程，节点之间的连线上会显示其通信方式及名称，体现其端对端的连接方式。节点通常由 Python 与 C++两种语言编写。

图 2-8　ROS 计算图级的组成结构

2. 消息

ROS 中消息的传输通过发布者与订阅者机制来实现，其传输机制如图 2-9 所示。在主题发布/订阅模型中，消息作为数据载体用来规划节点间数据的传输。每一个消息的结构都需要严格定义，通常是在.msg 文件中进行定义配置。这个类似于 C 语言中的结构体（Struct）对标准数据类型进行嵌套封装，支持整型、浮点型等标准数据类型，同时也包括嵌套机构及数组。

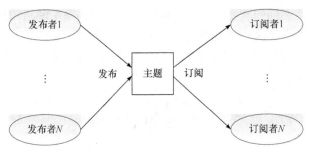

图 2-9　ROS 主题中消息的传输机制

3. 主题

主题是一种节点间异步传输数据的方式。一个主题可以同时拥有多个发布者与订阅者，且主题的消息内容以最新发布的为准。相较于服务的通信模式，主题的优势在于：发布者不需要等待订阅者接收，订阅者也无须了解发布者是哪个节点，双方规定好数据格式就可以实现通信。

4. 服务

除了主题的发布/订阅模型外，ROS 还拥有一个节点间通信模式——服务。不同于主题采用的多对多的通信模式，服务是一对多的通信模式。因此，在所有运行的节点中，不能同时拥有两个相同名称的服务，也就是说 ROS 中只允许有一个节点来充当服务器提供特定名称的服务。相较于主题的通信模式，服务的优势在于：提供给客户端最新的数据。

此外，ROS 还需要一个 ROS Master（ROS 节点管理器）才能够使节点有序地通信。以主题通信为例，如图 2-10 所示，发布者将自己需要发布的主题以消息的形式传递给 ROS Master，ROS Master 将发布者节点的信息登记到列表中，订阅者也将自己需要订阅的主题加入 ROS Master 的登记列表中，如果发现有发布者正发布该主题，ROS Master 则将在两节点之间建立连接，实现数据的交换。这便完成了主题间的通信。在该过程中节点间的连接是直接的，ROS Master 仅提供了查询信息。

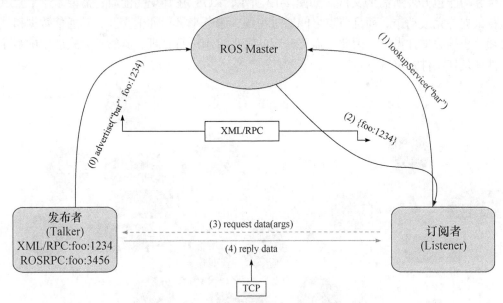

图 2-10　ROS 控制节点订阅和发布消息的模型

　　服务相较于主题更为简单一些，如图 2-11 所示，ROS Master 保存了服务器与客户端的注册信息，匹配相同名称的服务器与客户端建立连接以进行通信。客户端发送请求信息，服务器返回响应信息。与主题的消息类型不同，服务通信采用.srv 文件作为数据载体。其有固定的格式，但可用的数据类型与.msg 文件一致。

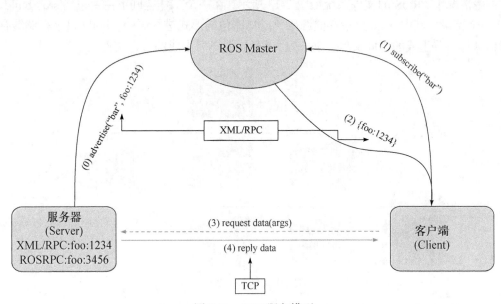

图 2-11　ROS 服务模型

2.3.2　文件系统级

文件系统包括 ROS 的目录与文件，以及在 ROS 安装完成之后系统自动生成的一些内部文件和功能包开发所需的文件。如图 2-12 所示，ROS 在实现功能时，需要多个节点共同运行来支持完成动作。而且节点之间通过主题、服务来进行通信交互，其通信数据格式也必须符合相关文件需求。因此，需要一定的管理机制进行管理，其管理方式展示的目录与文件就是其文件系统。

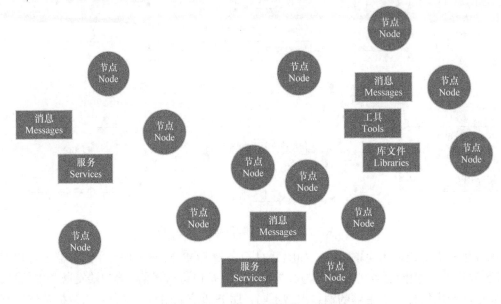

图 2-12　ROS 功能实现涉及内容

一般情况下，ROS 的文件系统如图 2-13 所示，在一个工作空间下主要包括 src、build、devel 三个目录。其中，src 目录存储源码，以功能包的形式进行区分；build 目录存储缓存配置信息与一些生成的中间文件；devel 目录存放编译后生成的目标文件。

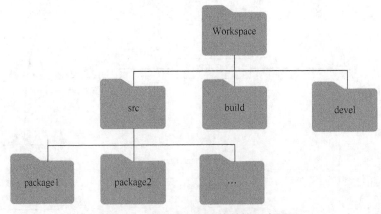

图 2-13　ROS 中文件系统结构示意图

src 目录下的功能包用于实现特定的功能，其下目录与文件还可以进行细分。每个功能包必有 CMakeLists.txt 与 package.xml 两个文件。CMakeLists.txt 文件主要是配置编译规则等，在创建发布节点文件或新的消息类型等操作后，都需要对该文件进行修改。package.xml 文件是这个功能包的信息，如包名、作者、版本等。另外，每个功能包下也有实现相关功能的源码文件，如扩展名为.c、.py、.launch 的文件，其具体配置信息与格式将在第 3 章进行介绍。

2.3.3 社区级

ROS 社区级是指 ROS 资源的存取管理，不同的国家、地区都能够通过 ROS 社区分享与获取软件、知识，这使得 ROS 资源的获取率大大提高，例如：

(1)发行版本。到目前为止，ROS 已经拥有了多个发行版本，对于每个发行版本都有独立的版本号，并带有与其匹配的基本功能包。

(2)软件源。ROS 的运行依赖于提供开源代码的软件源网站，其包含了各种由不同机构所发布的机器人功能包与软件。

(3)ROS Wiki。作为 ROS 官方的信息交流平台，它提供了 ROS 的安装使用教程、不同版本的 ROS 系统差别、各种功能包的介绍与安装等内容。

如图 2-14 所示，正是这种联合式的代码库，使得各个地区与国家能够交流使用 ROS。同时这种开源式社区级分享了简单明了的文件系统，使得 ROS 被越来越多的人所熟知，其所包含的功能包数量也呈指数级增长，促进了机器人领域的快速发展。

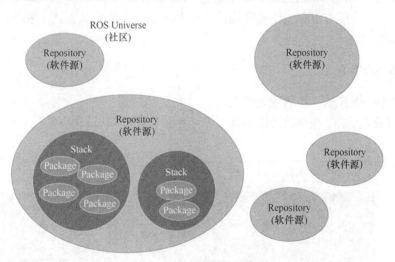

图 2-14 社区级结构示意图

2.4 工作环境的搭建

ROS 作为一种分布式机器人操作系统，依赖于 Linux 系统运行。Linux 一般指操作系统的内核，Linux 有多种发行版本，如 Debian、Center、Redhat 以及其他版本，下面提到的 Ubuntu 是 Debian 系列的一个分支。

若直接在 Windows 操作系统存在的条件下安装 Linux 系统，即双系统，Linux 会完全占有计算机的 CPU 及内存资源，且需要进行大量的配置，安装较为烦琐。此外，读者大多对 Windows 系列系统较为熟悉，在 Windows 操作系统环境下查阅资料更方便上手，而且可通过虚拟机工具实现方便快捷的文件传输与文件共享。因此，本书介绍以 Windows 操作系统+虚拟机+Linux+ROS 的方式安装 ROS，这几者之间的关系如图 2-15 所示。首先在 Windows 操作系统环境下安装虚拟机(本书采用 Vmware 虚拟机软件)，然后在虚拟机中安装 Linux，最后在 Linux 中安装 ROS。

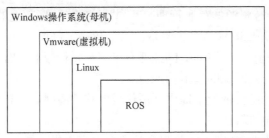

图 2-15　Windows 操作系统、虚拟机、Linux、ROS 之间的关系示意图

安装好虚拟机与 Linux 操作系统之后，接下来介绍 ROS 的安装。

2.4.1　ROS 的安装

ROS 版本选择 ROS Melodic，安装环境为 Ubuntu 18.04.5 LTS(提示：本书所选版本及安装步骤仅供参考，所有步骤均已验证通过，但并不是唯一的安装方式，安装过程中遇到问题可以参考 2.4.2 节)。

1. 配置系统软件源

打开软件中心查看软件源的配置情况。

(1)单击屏幕左下角，在弹出的应用程序图标界面中选择"软件和更新"选项，如图 2-16 所示。

图 2-16　应用程序图标界面

（2）单击"下载自"下拉列表框，从其他站点选择服务器，如图 2-17 所示。

图 2-17　选择下载站点示意图

（3）选择服务器（如 aliyun），并单击"关闭"按钮，要求输入密码进行认证，认证完之后弹出对话框，单击"重新载入"按钮，如图 2-18 所示。

图 2-18　重新载入可用软件包列表

2. 添加 ROS 软件源

在桌面空白处单击鼠标右键（简称右击），单击弹出的菜单中的"打开终端"选项打开终端（也可以使用 Ctrl+Alt+T 快捷键完成操作）。在终端中输入如下命令并执行，从而添加 ROS 软件源，如图 2-19 所示。

```
$ sudo sh -c 'echo "deb http://packages.ros.org/ros/ubuntu $(lsb_release
-sc) main" > /etc/apt/sources.list.d/ros-latest.list'
```

图 2-19　添加 ROS 软件源示意图

3. 添加密钥

使用如下命令添加密钥（该密钥为公有密钥，可通过网站搜索获取），图 2-20 所示为导入密钥成功。

```
$ sudo apt-key adv --keyserver 'hkp://keyserver.ubuntu.com:80' --recv-key
C1CF6E31E6BADE8868B172B4F42ED6FBAB17C654
```

图 2-20　添加密钥示意图

4. 安装 ROS

确保 Debian 软件包索引最新，出现如图 2-21 所示的效果，说明成功更新。

```
$ sudo apt-get update
```

图 2-21　更新软件列表示意图

安装 ROS 桌面完整版，在终端中输入如下命令，效果如图 2-22 所示。

```
$ sudo apt-get install ros-melodic-desktop-full
```

```
ros-melodic-tf2-ros ros-melodic-theora-image-transport
ros-melodic-topic-tools ros-melodic-trajectory-msgs
ros-melodic-transmission-interface ros-melodic-turtle-actionlib
ros-melodic-turtle-tf ros-melodic-turtle-tf2 ros-melodic-turtlesim
ros-melodic-urdf ros-melodic-urdf-parser-plugin
ros-melodic-urdf-sim-tutorial ros-melodic-urdf-tutorial
ros-melodic-urdfdom-py ros-melodic-vision-opencv
ros-melodic-visualization-marker-tutorials ros-melodic-visualization-msgs
ros-melodic-visualization-tutorials ros-melodic-viz
ros-melodic-webkit-dependency ros-melodic-xacro ros-melodic-xmlrpcpp ruby
ruby-did-you-mean ruby-minitest ruby-net-telnet ruby-power-assert
ruby-test-unit ruby2.5 rubygems-integration sbcl sdformat-sdf sgml-base
sip-dev tango-icon-theme tcl tcl-vtk6 tcl8.6 tcl8.6-dev tk tk-dev
tk8.6 tk8.6-blt2.5 tk8.6-dev ttf-bitstream-vera ttf-dejavu-core unixodbc-dev
uuid-dev va-driver-all vdpau-driver-all vtk6 x11proto-composite-dev
x11proto-core-dev x11proto-damage-dev x11proto-dev x11proto-fixes-dev
x11proto-input-dev x11proto-randr-dev x11proto-scrnsaver-dev
x11proto-xext-dev x11proto-xf86vidmode-dev x11proto-xinerama-dev xml-core
xorg-sgml-doctools xtrans-dev zlib1g-dev
升级了 0 个软件包，新安装了 1059 个软件包，要卸载 0 个软件包，有 0 个软件包未被
升级。
需要下载 534 MB 的归档。
解压缩后会消耗 2,401 MB 的额外空间。
您希望继续执行吗？ [Y/n] y
```

(a)

```
正在设置 ros-melodic-robot (1.4.1-0bionic.20200822.004201) ...
正在设置 ros-melodic-gazebo-plugins (2.8.7-1bionic.20200821.204204) ...
正在设置 ros-melodic-interactive-marker-tutorials (0.10.5-1bionic.21025
1) ...
正在设置 ros-melodic-rviz (1.13.13-1bionic.20200821.210302) ...
正在设置 ros-melodic-rqt-rviz (0.6.0-0bionic.20200821.011458) ...
正在设置 ros-melodic-rqt-robot-plugins (0.5.7-0bionic.20200822.012843) ...
正在设置 ros-melodic-gazebo-ros-pkgs (2.8.7-1bionic.20200822.000555) ...
正在设置 ros-melodic-rqt-common-plugins (0.4.8-0bionic.20200821.202306) ...
正在设置 ros-melodic-rviz-python-tutorial (0.10.5-1bionic.20200822.011614) ...
正在设置 ros-melodic-rviz-plugin-tutorials (0.10.5-1bionic.20200822.011549) ...
正在设置 ros-melodic-librviz-tutorial (0.10.5-1bionic.20200822.011355) ...
正在设置 ros-melodic-simulators (1.4.1-0bionic.20200822.014451) ...
正在设置 ros-melodic-urdf-tutorial (0.4.0-0bionic.20200821.215050) ...
正在设置 ros-melodic-urdf-sim-tutorial (0.4.0-0bionic.20200821.220341) ...
正在设置 ros-melodic-viz (1.4.1-0bionic.20200822.014251) ...
正在设置 ros-melodic-visualization-tutorials (0.10.5-1bionic.20200822.013041) ..

正在设置 ros-melodic-desktop (1.4.1-0bionic.20200822.015450) ...
正在设置 ros-melodic-desktop-full (1.4.1-0bionic.20200822.021149) ...
正在处理用于 libc-bin (2.27-3ubuntu1.2) 的触发器 ...
zjx@zjx-virtual-machine:~$
```

(b)

图 2-22 安装 ROS 桌面完整版示意图

5. 初始化 rosdep

在终端中依次输入如下两条命令，出现如图 2-23 (a) 与 (b) 所示的效果说明命令执行成功。

```
$ sudo rosdep init
$ rosdep update
```

6. 设置环境变量

```
$ echo "source/opt/ros/melodic/setup.bash" >> ~/.bashrc
$ source ~/.bashrc
```

7. 安装 rosinstall

```
$ sudo apt install python-rosinstall python-rosinstall-generator python-
```

```
wstool build-essential
```

　　至此，完成 ROS 软件的安装。通过在终端输入 roscore 命令可以验证软件是否安装成功，出现如图 2-24 所示的效果说明该命令正常执行，即 ROS 安装成功。

(a)

(b)

图 2-23　初始化 rosdep 示意图

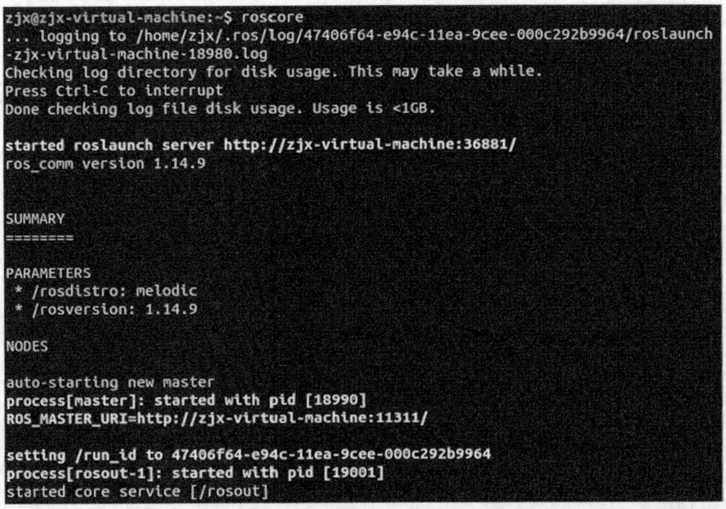

图 2-24　运行 roscore 示意图

下面通过小海龟程序的安装和操作来简要了解 ROS 开发环境，关于小海龟的具体操作将在 3.5 节详细介绍。

1. turtlesim 功能包的安装

安装支持海龟仿真例程的必要功能包——turtlesim，相关的程序命令如下，相应的效果如图 2-25 所示。

```
$ sudo apt-get install ros-melodic-turtlesim
```

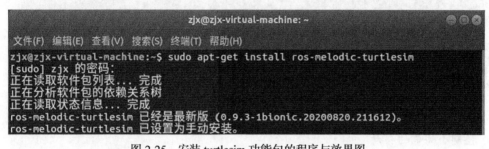

图 2-25　安装 turtlesim 功能包的程序与效果图

2. 启动 turtlesim 仿真器节点

启动 ROS Master，ROS Master 类似于 ROS 系统中的 CPU，在运行 ROS 有关命令时，通常第一步启动它。启动命令为

```
$ roscore
```

打开一个新的终端，启动该仿真器的节点（Node），相关的命令如下，启动后的效果如图 2-26 所示。

```
$ rosrun turtlesim turtlesim_node
```

图 2-26　turtlesim 仿真器节点启动程序与效果图

3. 启动键盘控制的节点

在仿真界面出现后，需构建键盘与仿真界面间的联系。为此，启动一个新的终端，运行键盘控制的节点，通过键盘控制小海龟的移动。相关的命令如下，具体的效果如图 2-27 所示。

```
$ rosrun turtlesim turtle_teleop_key
```

图 2-27　键盘控制节点启动程序与效果图

4. 控制小海龟的移动

在图 2-27 所示的终端中，运用键盘的上、下、左、右方向键，可以控制小海龟进行相应的移动，且仿真器中会以白色线段记录下小海龟移动的路径，相应的效果如图 2-28 所示。

图 2-28　小海龟移动效果图

2.4.2　ROS 安装常见问题及解决

命令 1：

```
$ sudo apt update
```

错误提示：

由于没有公钥，无法验证下列签名：NO_PUBKEYF42ED6FBAB17C654

解决方法：

```
$ sudo apt-key adv --keyserver keyserver.ubuntu.com --recv-keys F42ED6FBAB17C654
```

命令 2：

```
$ sudo rosdep init
```

错误提示：

```
$ sudo rosdep init
sudo: rosdep: 找不到命令
```

解决方法：

```
$ sudo apt install python-rosdep2
```

此时会提示：

```
ERROR: Cannot download default sources list from:
https://raw.githubusercontent.com/ros/rosdistro/master/rosdep/sources.li
st.d/20-default.list
Website may be down.
```

输入如下命令：

```
$ sudo gedit/etc/hosts
```

在文件末尾添加：151.101.84.133 raw.githubusercontent.com，保存后退出该文件，之后再重新尝试。

命令 3：

```
$ sudo apt-get install python-rosinstall python-rosinstall-generator pyt
hon-wstool build-essential
```

错误提示：

```
E: 无法获得锁/var/lib/dpkg/lock-open（11: 资源暂时不可用）。
E: 无法锁定管理目（/var/lib/dpkg/），是否有其他进程正占用它？
```

解决方法：
由于进程被占用，需要强行解锁命令，可将占用进程杀死从而正常使用：

```
$ sudo rm/var/cache/apt/archives/lock
```

```
$ sudo rm/var/lib/dpkg/lock
```

再次执行原命令。

命令 4：

```
$ roscore
```

错误提示：

```
Command 'roscore' not found, but can be installed with: sudo apt install
python-roslaunch"
```

解决方法：

打开文件夹 "/opt/ros/indigo/bin" 查看是否存在名为 "roscore" 的二进制可执行文件，命令如下：

```
$ cd /opt/ros/melodic/bin
$ ls -l
```

如果没有，则输入如下命令：

```
$ sudo apt-get install ros-melodic-desktop
```

再次运行并查看结果。

第 3 章　ROS 基础

第 2 章介绍了 ROS 的组织结构、特点及 ROS 的安装步骤，本章将以小海龟仿真程序为例，完成一些更为复杂的操作，包括 ROS 工作空间的创建、通信过程的建立，以及 ROS 的基本命令与常用工具的使用，通过与编程实例相结合，加深对 ROS 的理解。

3.1　基　本　概　念

3.1.1　工作空间

工作空间（Workspace）是一个存放工程开发过程中相关文件的文件夹。如图 3-1 所示，典型的工作空间一般包含四个部分。

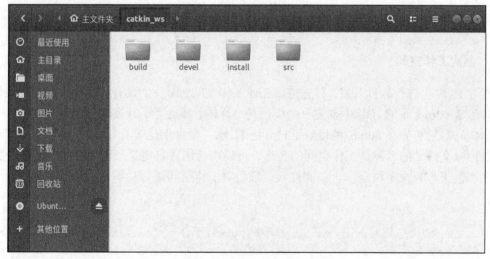

图 3-1　工作空间示意图

（1）build：编译空间（Build Space），用来放置编译过程产生的中间文件。

（2）devel：开发空间（Development Space），用来放置编译过程中生成的可执行文件、库、相关脚本。

（3）install：安装空间（Install Space），它和 devel 文件夹功能相差不大，一般将可执行文件安装到此文件夹。

（4）src：代码空间（Source Space），用来放置所有功能包、代码。

3.1.2　文件系统

1. 功能包

功能包（Package）是 ROS 工作空间的基本单元，每个功能包一般包含可执行文件、程序代码、脚本等内容。

2. 清单

清单（Manifest）是对于软件包相关信息的描述，是每个软件包的必备文件，用于定义各软件包的相关信息以及它们之间的依赖关系。这些信息通常包括功能包的名称、版本、维护者和许可协议等。

3. 文件系统工具

代码文件一般会放置在软件包中，在 Linux 系统中要想查找这些文件需要用到一些命令行工具，这为开发者带来了不少麻烦。因此 ROS 提供了许多相关的命令工具来简化这些操作，这些命令工具将在 3.4 节详细介绍。

3.2　工作空间的搭建

3.2.1　创建工作空间

要在 ROS 上进行软件开发，首先需要创建工作空间，即一个具有特定组织结构的文件夹，与在 Windows 下的 IDE 中创建一个项目是一样的，都是为了开发项目而设置的一个工程。具体步骤是：首先在 home 根目录下打开终端，输入命令创建带有 src 子文件夹的 catkin_ws 文件夹（文件夹的名称是工作空间的名称，可以由使用者自定义）；然后使用 cd 命令将终端的当前工作目录定位至 src 子文件夹；最后对工作空间进行初始化。相关的程序命令如下。

```
$ mkdir -p ~/catkin_ws/src    //创建带有 src 子文件夹的 catkin_ws 文件夹
$ cd ~/catkin_ws/src          //进入 catkin_ws 文件夹下的 src 子文件夹
$ catkin_init_workspace       //工作空间初始化
```

（1）编译整个工作空间，用到的命令如下，相应的效果如图 3-2 所示。注意：编译通常需要在根目录下进行。

```
$ cd ~/catkin_ws      //编译时需要定位到工作空间目录下
$ catkin_make         //编译器命令,通过该命令编译 src 下所有功能包源码,结果放入 build
                        和 devel 文件夹下
```

```
zjx@zjx-virtual-machine:~/catkin_ws/src$ cd ~/catkin_ws
zjx@zjx-virtual-machine:~/catkin_ws$ catkin_make
Base path: /home/zjx/catkin_ws
Source space: /home/zjx/catkin_ws/src
Build space: /home/zjx/catkin_ws/build
Devel space: /home/zjx/catkin_ws/devel
Install space: /home/zjx/catkin_ws/install
####
#### Running command: "cmake /home/zjx/catkin_ws/src -DCATKIN_DEVEL_PREFIX=/home
/zjx/catkin_ws/devel -DCMAKE_INSTALL_PREFIX=/home/zjx/catkin_ws/install -G Unix
Makefiles" in "/home/zjx/catkin_ws/build"
####
-- The C compiler identification is GNU 7.5.0
-- The CXX compiler identification is GNU 7.5.0
-- Check for working C compiler: /usr/bin/cc
-- Check for working C compiler: /usr/bin/cc -- works
-- Detecting C compiler ABI info
-- Detecting C compiler ABI info - done
-- Detecting C compile features
-- Detecting C compile features - done
-- Check for working CXX compiler: /usr/bin/c++
-- Check for working CXX compiler: /usr/bin/c++ -- works
-- Detecting CXX compiler ABI info
-- Detecting CXX compiler ABI info - done
-- Detecting CXX compile features
-- Detecting CXX compile features - done
-- Using CATKIN_DEVEL_PREFIX: /home/zjx/catkin_ws/devel
-- Using CMAKE_PREFIX_PATH: /opt/ros/melodic
-- This workspace overlays: /opt/ros/melodic
-- Found PythonInterp: /usr/bin/python2 (found suitable version "2.7.17", minimu
m required is "2")
```

图 3-2 编译整个工作空间时的程序与效果图

(2) 建立 install 文件夹，用到的命令如下，相应的效果如图 3-3 所示。

```
$ catkin_make install          //建立安装空间
```

```
zjx@zjx-virtual-machine:~/catkin_ws$ catkin_make install
Base path: /home/zjx/catkin_ws
Source space: /home/zjx/catkin_ws/src
Build space: /home/zjx/catkin_ws/build
Devel space: /home/zjx/catkin_ws/devel
Install space: /home/zjx/catkin_ws/install
####
#### Running command: "make cmake_check_build_system" in "/home/zjx/catkin_ws/bu
ild"
####
####
#### Running command: "make install -j1 -l1" in "/home/zjx/catkin_ws/build"
####
Install the project...
-- Install configuration: ""
-- Installing: /home/zjx/catkin_ws/install/_setup_util.py
-- Installing: /home/zjx/catkin_ws/install/env.sh
-- Installing: /home/zjx/catkin_ws/install/setup.bash
-- Installing: /home/zjx/catkin_ws/install/local_setup.bash
-- Installing: /home/zjx/catkin_ws/install/setup.sh
-- Installing: /home/zjx/catkin_ws/install/local_setup.sh
-- Installing: /home/zjx/catkin_ws/install/setup.zsh
-- Installing: /home/zjx/catkin_ws/install/local_setup.zsh
-- Installing: /home/zjx/catkin_ws/install/.rosinstall
```

图 3-3 建立 install 文件夹时的程序与效果图

(3) 设置工作空间的环境变量。环境变量用来指定系统在运行环境中所需的一些参数。通过环境变量的设置，系统在加载参数时不仅会在当前终端所在的文件中进行查找，同时也会在环境变量所指向的目录下进行查找。环境变量的设置需要使用如下 source 命令。

```
$ source ~/catkin_ws/devel/setup.bash
```

使用该方法，相应的环境变量只在当前终端中生效。为使得该环境变量在所有终端中生效，可将 source 命令直接存到.bashrc 文件中，自动执行 source 命令。这样便将环境变量配置在了整个工作空间中，重启另一终端依然生效。相应的操作命令如下：

①使用如下命令调用 gedit 编辑器打开.bashrc 文件，执行的效果如图 3-4 所示。

```
$ sudo gedit ~/.bashrc
```

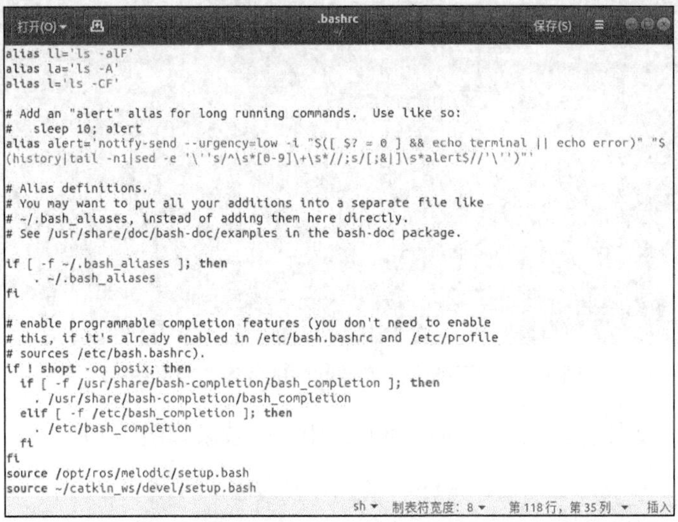

图 3-4　将环境变量配置在整个工作空间内的程序与效果图

②在.bashrc 文件末尾添加：source 　~ /catkin_ws/devel/setup.bash。

③退出图 3-4 所示的配置界面，并回到终端，执行 source 命令，采用如下命令将环境变量配置进入.bash 文件。至此，环境变量的配置完成。

```
$ source ~/.bashrc
```

3.2.2　创建功能包

工作空间创建完成后，需要创建具体的功能包来实现某些特定的功能。功能包由固定的文件结构和文件夹组成，通常情况下，为了后续的开发方便，开发者习惯于将实现某一特定功能的代码文件放到一个功能包中。每个功能包必须满足三个条件：①包含一个 package.xml 文件，用于说明关于包的基本信息，包括包名、版本号、作者、依赖等信息；②包含一个 CMakeLists.txt 文件，用来定义包名、依赖、源文件、目标文件等编译规则；③一个工作空间下的功能包命名不能相同，这也意味着，不会有多个功能包共用相同的路径。

创建功能包的命令如下：

```
$ catkin_create_pkg <package_name> [depend1] [depend2] [depend3]
```

其中，package_name 是功能包的名称，depend 是功能包所需要的依赖，在这里创建一个名为 ch3_2 的功能包。进入代码空间，使用如下命令创建功能包。

```
$ cd ~/catkin_ws/src          //功能包需要放置在 src 文件夹中
$ catkin_create_pkg ch3_2 std_msgs rospy roscpp
```

创建完成后，在 src 文件夹下便会产生该功能包，回到工作空间的根目录下使用如下命令进行编译。

```
$ cd ~/catkin_ws
$ catkin_make
```

以上便是创建一个功能包的基本流程，3.3 节将会介绍如何进行节点的开发。

3.3　ROS 的运行

3.3.1　主题通信

主题通信是 ROS 节点之间的基础通信方式之一，它是以发布者/订阅者的形式进行通信的，不同的节点之间分别饰演主题发布者(Publisher)和主题订阅者(Subscriber)的角色：由 Publisher 发布某主题的通信消息，并将该消息在 ROS Master 中登记，各个订阅了该主题的 Subscriber 从 ROS Master 中接收发布者发布的数据，由此实现节点之间的通信。当这些节点建立连接之后，如果关闭 ROS Master，它们之间数据的传输并不会受到影响，但是其他节点便无法加入它们的通信当中了。主题通信模型如图 3-5 所示。

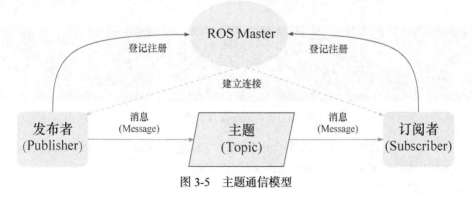

图 3-5　主题通信模型

主题编程的步骤如下。

1. 创建发布者

(1)初始化 Publisher 节点。

(2)创建 ros 节点句柄。

(3)建立与 Topic Master 主题管理器的连接，登记该节点将要发布主题的名称、数据类型等信息。

（4）调用 rate 函数，设置循环的频率（即节点消息的发布频率）。

（5）进入循环，不断地发布相应的主题数据。

（6）调用 sleep 函数延时，从而控制发布主题的频率。

2. 创建订阅者

（1）初始化 Subscriber 节点。

（2）创建 ros 节点句柄。

（3）通过 Topic Master 订阅需要的 Topic。当订阅到相应的主题时，执行相应的回调函数。

3. 添加编译选项

通过在 CMakeLists.txt 文件中添加编译选项，可设置需要编译的代码和生成的可执行文件，并为其设置链接库以及相应的依赖。

4. 运行可执行文件

下面通过一个编程实例来感受主题通信的流程与实现。在 3.2.2 节中创建的名为 ch3_2 的功能包中，使用 C++语言分别编写发布者与订阅者的实现程序。

首先进入功能包文件夹下的 src 文件夹，然后新建 Publisher.cpp 和 Subscriber.cpp 文件，相关命令如下，效果如图 3-6 所示。

```
$ cd catkin_ws/src/ch3_2/src
$ touch Publisher.cpp Subscriber.cpp
```

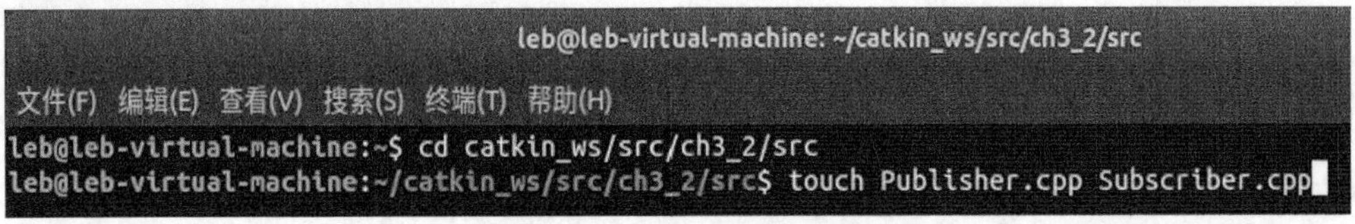

图 3-6　新建.cpp 文件效果图

此时 ch3_2 功能包的 src 文件夹下会出现两个空白的 Publisher.cpp 和 Subscriber.cpp 文件，分别在其中编写 Publisher 和 Subscriber 的实现程序。

Publisher 编程如下：

```
/*Publisher.cpp 发布字符串型的 talking 主题，消息的内容为 Welcome to the robot world*/
#include<sstream>
#include"ros/ros.h"
#include"std_msgs/String.h"

int main(int argc, char **argv)
```

```
{
    //ros 节点初始化，Publisher 为节点名
    ros::init(argc, argv, "Publisher");

    //创建节点句柄
    ros::NodeHandle n;

    //创建一个发布者，发布名为 talking 的主题，其消息类型为 std_msgs::String
    ros::Publisher talking_pub=n.advertise<std_msgs::String>("talking", 1000);

    //设置循环的频率，与下边的 loop_rate.sleep()配合使用以达到循环的目的
    ros::Rate loop_rate(1000);

  while(ros::ok())
  {
        //初始化 std_msgs::String 类型的消息
        std_msgs::String TCmsg;
        std::stringstream ms;
        ms<<"Welcome to the robot world";
        TCmsg.data=ms.str();
        ROS_INFO("%s", TCmsg.data.c_str());
        talking_pub.publish(TCmsg);   //发布消息

        //循环等待回调函数
        ros::spinOnce();
        //按照循环频率延时
        loop_rate.sleep();
  }
    return 0;
}
```

Subscriber 编程如下：

```
/*Subscriber.cpp 将订阅字符串型的 talking 主题*/

#include "ros/ros.h"
#include "std_msgs/String.h"

//当接收到订阅的主题后，便会执行回调函数
void TCCallback(const std_msgs::String::ConstPtr& TCmsg)
{
    //将接收到的消息内容打印出来
    ROS_INFO("I receive:%s", TCmsg->data.c_str());
```

```
}

int main(int argc,char **argv)
{
    //初始化 ros 节点，节点名为 Subscriber
    ros::init(argc,argv,"Subscriber");

    //创建节点句柄
    ros::NodeHandle n;

    //创建一个订阅者，订阅名为 talking 的主题，回调函数为 TCCallback
    ros::Subscriber talking_sub=n.subscribe("talking",1000,TCCallback);

    //循环等待回调函数
    ros::spin();

    return 0;
}
```

在 CMakeLists.txt 文件中添加编译选项：

```
add_executable(Publisher src/Publisher.cpp)
target_link_libraries(Publisher ${catkin_LIBRARIES})
add_executable(Subscriber src/Subscriber.cpp)
target_link_libraries(Subscriber ${catkin_LIBRARIES})
```

进入根目录 catkin_ws 下进行编译，然后使用 Ctrl+Alt+T 快捷键打开新的终端，启动节点管理器 ROS Master，再打开两个新的终端分别启动发布者与订阅者。程序命令如下，效果如图 3-7 所示。

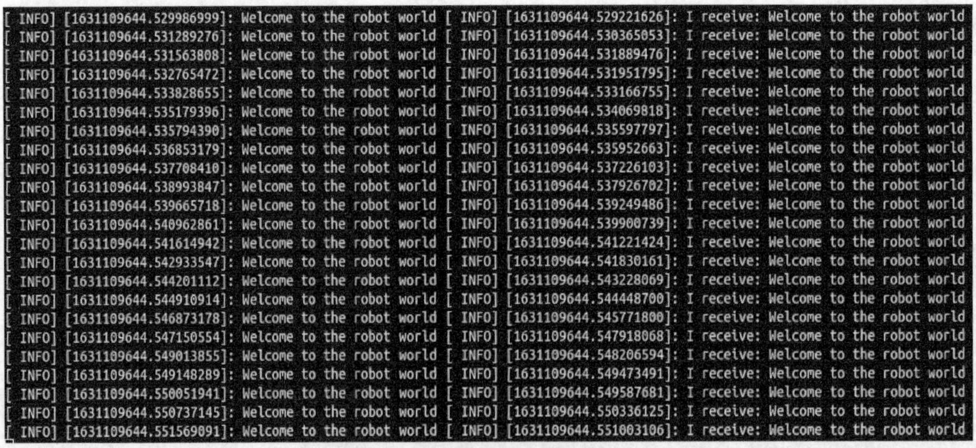

图 3-7　主题通信输出结果效果图

```
$ cd ~/catkin_ws
$ catkin_make
$ source ~/.bashrc
$ roscore(终端 1)
$ rosrun ch3_2 Publisher(终端 2)
$ rosrun ch3_2 Subscriber(终端 3)
```

3.3.2　服务通信

服务通信是 ros 节点之间的另一种通信方式，它是以服务器/客户端的形式进行通信的，服务通信模型如图 3-8 所示。

在使用 Server 和 Client 通信时，需要提前定义服务的参数以及返回值的类型，并编写相应的.msg 和.srv 文件。实现服务编程，需要以下几个步骤。

图 3-8　服务通信模型

（1）创建服务器。

① 编写服务函数，实现服务所提供的功能。

② 编写主函数，初始化节点。

③ 建立节点句柄。

④ 在 ROS 中发布服务，等待其他节点调用。

（2）创建客户端。

① 初始化节点，并创建节点句柄。

② 为调用的 Server 创建客户端，用于调用 srv 函数。

③ 调用 srv 函数，存储返回结果。

（3）添加编译选项。通过在 CMakeLists.txt 文件中添加编译选项，可设置需要编译的代码和生成的可执行文件，并为其设置链接库以及相应的依赖。

（4）运行可执行文件。继续在 ch3_2 的功能包下编写服务器与客户端的实现程序，分别命名为 max_server.cpp 与 max_client.cpp，自定义了服务请求与应答，通过一定的配置生成对应的头文件。

① 定义服务请求与应答文件：在功能包下新建文件夹 srv，新建并进入名为 MAXTwoI

nts.srv 的文档，编写如下内容：

```
int64 x
int64 y
---
int64 max
```

这里的三个连续横线"---"为分隔符，分隔符以上为请求信号，以下为应答信号。通过下述命令将此.srv 文件编译成 C++、Python 等其他语言。

在 package.xml 中添加功能包依赖。

```
<build_depend>message_generation</build_depend>
<exec_depend>message_runtime</exec_depend>
```

在 CMakeLists.txt 添加编译选项：

```
find_package(message_generation)
                    //找到 find_package，并在其中添加 message_generation
add_service_files(FILES MAXTwoInts.srv)
generate_messages(DEPENDENCIES std_msgs)
catkin_package(CATKIN_DEPENDS roscpp rospy std_msgs message_runtime)
```

② 编写服务器 max_server 程序和客户端 max_client 程序：

```
/*max_server.cpp 求取两整型数最大值的 Server*/
#include "ros/ros.h"
#include "ch3_2/MAXTwoInts.h"

//Server 回调函数，回调函数的输入参数 in，输出参数 out
bool maxtwoints(ch3_2::MAXTwoInts::Request  &in,
                ch3_2::MAXTwoInts::Response &out)
{
    //判断输入的两个整型数的最大值，并将最大值赋值给输出参数
    if(in.x>in.y)
        out.max=in.x;
    else
        out.max=in.y;

    //对输入参数与输出的最大值进行打印
    ROS_INFO("input: x=%ld,y=%ld",(long int)in.x,(long int)in.y);
    ROS_INFO("Find the maximum value: %ld",(long int)out.max);
    return true;
```

```
    }

    int main(int argc,char **argv)
    {
        //ros 节点初始化, 节点名为 max_two_ints_server
        ros::init(argc,argv,"max_two_ints_server");

        //创建节点句柄
        ros::NodeHandle n;

        //创建一个名为 add_two_ints 的 Server, 回调函数名为 maxtwoints
        ros::ServiceServer service=n.advertiseService("max_two_ints",maxtwoints);

        ROS_INFO("Wait for two ints.");    //循环等待回调函数
        ros::spin();

        return 0;
    }
    /*max_client.cpp 两整型数求取最大值的 Client*/
    #include<cstdlib>
    #include"ros/ros.h"
    #include"ch3_2/MAXTwoInts.h"

    int main(int argc,char **argv)
    {
        //ros 节点初始化
        ros::init(argc,argv,"max_two_ints_client");

        //从终端命令行获取两个整型数
        if(argc != 3)
        {
            ROS_INFO("error: Please enter two ints: X Y");
            return 1;
        }
        ros::NodeHandle n;        //创建节点句柄

        //创建一个 Client, 请求 max_two_ints 服务, 其消息类型是 ch3_2::MAXTwoInts
        ros::ServiceClient    client=n.serviceClient<ch3_2::MAXTwoInts>("max_two_
    ints");

        //创建 ch3_2::MAXTwoInts 类型的服务消息
        ch3_2::MAXTwoInts TCsrv;
```

```
    TCsrv.request.x=atoll(argv[1]);
    TCsrv.request.y=atoll(argv[2]);

    //发布服务请求，等待求取最大值的应答结果
    if(client.call(TCsrv))
{
    ROS_INFO("max: %ld",(long int)TCsrv.response.max);//将应答结果打印出来
}
    else
{
    ROS_ERROR("Failed to call service ");
    return 1;
}
return 0;}
```

（3）添加编译选项：

```
add_executable(max_server src/max_server.cpp)
target_link_libraries(max_server ${catkin_LIBRARIES})

add_executable(max_client src/max_client.cpp)
target_link_libraries(max_client ${catkin_LIBRARIES})
```

（4）编译并运行程序，命令如下，效果如图 3-9 所示。

```
$ cd ~/catkin_ws
$ catkin_make
$ source ~/.bashrc
$ roscore(终端1)
$ rosrun ch3_2 max_server(终端2)
$ rosrun ch3_2 max_client 3 10(终端3)
```

```
leb@leb-virtual-machine:~$ rosrun ch3_2 max_server          leb@leb-virtual-machine:~$ rosrun ch3_2 max_client 3 10
[ INFO] [1631176670.755478532]: Wait for two ints.          [ INFO] [1631176696.360989970]: max: 10
[ INFO] [1631176696.358385971]: input: x=3, y=10            leb@leb-virtual-machine:~$
[ INFO] [1631176696.358454923]: Find the maximum value: 10
```

图 3-9　服务通信输出结果效果图

3.3.3　动作编程

当服务花费很长的时间执行，而用户希望在执行过程中能够取消请求，或者希望获得请求进展情况的定期反馈，此时就需要考虑动作编程，可使用 actionlib 包。创建动作服务器（Action Server）和动作客户端（Action Client），完成动作编程。动作编程模型如图 3-10 所示。

Action Server 与 Action Client 通过 ROS 行为协议通信，客户端与服务器为用户提供了 API，用于请求目标或通过函数调用和回调函数执行目标。

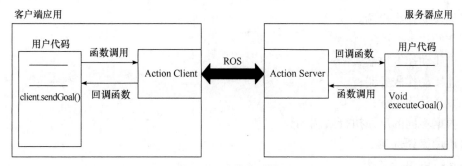

图 3-10　动作编程模型

Action 的接口包括以下 5 种，接口示意图如图 3-11 所示。

（1）goal：Action Client 向 Action Server 发
布任务目标。

（2）cancel：请求取消任务。

（3）status：通知 Action Client 当前的状态。

（4）result：完成目标之后，Action　Server
向 Action Client 发送任务的执行结果，只发送
一次。

（5）feedback：周期反馈任务的进展数据。

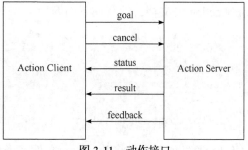

图 3-11　动作接口

与服务编程类似，要实现动作的编程，首先要定义.action 文件。.action 文件包含了三
个部分，分别是目标信息、结果信息、周期反馈的信息，每部分之间用"---"分隔。

回到根目录下编译，在路径/devel/include 下可找到编译出来的头文件。假定文件名为
robmove.action，则出现如图 3-12 所示的头文件(第一个头文件会包含后面所有的头文件)。

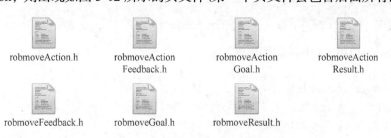

robmoveAction.h　　　robmoveAction　　　robmoveAction　　　robmoveAction
　　　　　　　　　　　Feedback.h　　　　　Goal.h　　　　　　　Result.h

robmoveFeedback.h　　robmoveGoal.h　　　robmoveResult.h

图 3-12　.action 文件编译结果

实现动作编程的步骤如下。

（1）创建动作服务器。

① 初始化 ros 节点；

② 创建动作服务器实例；

③ 启动服务器，等待动作请求；

④ 回调函数中完成动作的处理，并定期反馈请求进展；

⑤ 动作完成，发送结束信息。

(2)创建动作客户端。

① 初始化 ros 节点;

② 创建动作客户端实例;

③ 连接动作服务器;

④ 发送动作目标;

⑤ 根据不同的反馈执行回调函数。

(3)添加编译选项。

(4)运行可执行文件。

以下为具体编程实例。

(1)自定义动作消息文件,在功能包下新建文件夹,命名为 action,双击并新建名为 robot.action 的文档,编写如下内容:

```
uint32 Robot_carry_weight    #定义目标
---
uint32 Robot_number          #定义结果
---
uint32 Robot_completed       #定义反馈消息
```

(2)通过如下步骤将此 action 文件编译成 C++、Python 等语言。

① 在 package.xml 中添加功能包依赖:

```
<build_depend>actionlib</build_depend>
<build_depend>actionlib_msgs</build_depend>
<exec_depend>actionlib</exec_depend>
<exec_depend>actionlib_msgs</exec_depend>
```

② 在 CMakeLists.txt 中添加编译选项:

```
find_package(actionlib_msgs  actionlib)
//注: 找到 find_package, 并在其中添加 actionlib_msgs  actionlib
add_action_files(DIRECTORY action FILES robot.action)
generate_messages(DEPENDENCIES std_msgs actionlib_msgs)
```

(3)编写动作服务器(robot_server)程序和动作客户端(robot_client)程序:

```
/*robot_server.cpp 此例程模拟机器人搬运货物过程的服务器*/
#include<ros/ros.h>
#include<actionlib/server/simple_action_server.h>
#include"ch3_2/robotAction.h"

typedef actionlib::SimpleActionServer<ch3_2::robotAction> Server;

//接收到 action 的 goal 后调用该回调函数
```

```
void callback(const ch3_2::robotGoalConstPtr& goal, Server* TCs)
{
    ros::Rate a(10);
    ch3_2::robotFeedback RTfeedback;
    ROS_INFO("The robot is carrying.");
    //模拟机器人搬运货物过程中货物的重量
    for(int b=1; b<=goal->Robot_carry_weight; b++)
    {
        RTfeedback.Robot_completed=b;
        TCs->publishFeedback(RTfeedback);
        a.sleep();
    }
    //当该 action 完成后，向客户端返回完成结果
    ROS_INFO("The robot has finished carrying.");
    TCs->setSucceeded();
}

int main(int argc,char** argv)
{
    ros::init(argc,argv,"robot_server");
    ros::NodeHandle n;
    //定义一个服务器
    Server  robot_server(n,"robot",boost::bind(&callback,_1,&robot_server),
false);

    robot_server.start();      //服务器开始运行
    ros::spin();
    return 0;
}
/*robot_client.cpp 此例程模拟机器人搬运货物过程的客户端*/
#include <actionlib/client/simple_action_client.h>
#include "ch3_2/robotAction.h"
typedef actionlib::SimpleActionClient<ch3_2::robotAction> Client;

void TCchushi()                     //当 action 激活后会调用该函数一次
{
}
//当 action 完成后会调用该函数一次
void TCFINSH(const actionlib::SimpleClientGoalState& state,
            const ch3_2::robotResultConstPtr& result)
{
    ROS_INFO("Robot handling completed");
```

```
    ros::shutdown();
}
//收到反馈信息后调用该函数
void TCfeedback(const ch3_2::robotFeedbackConstPtr& feedback)
{
    ROS_INFO(" The robot has carried %d kilogram", feedback->Robot_completed);
}

int main(int argc,char** argv)
{
    ros::init(argc,argv,"robot_client");
    int i;
    Client client("robot", true); //定义一个客户端
    //等待服务器端
    ROS_INFO("Waiting for action server to start.");
    client.waitForServer();
    ROS_INFO("Action server started, sending goal!!!."); //服务器开启
    ch3_2::robotGoal goal;    //创建一个 action 的 goal
    goal.Robot_carry_weight=8;//表示机器人需要搬运的货物重量为 8kg
    //发送 action 的 goal 给服务器端,并且设置回调函数
    client.sendGoal(goal,&TCFINSH,&TCchushi,&TCfeedback);
    ros::spin();
    return 0;
}
```

(4) 添加编译选项:

```
add_executable(robot_client src/robot_client.cpp)
target_link_libraries(robot_client ${catkin_LIBRARIES})
add_dependencies(robot_client ${${PROJECT_NAME}EXPORTED_TARGETS})

add_executable(robot_server src/robot_server.cpp)
target_link_libraries(robot_server ${catkin_LIBRARIES})
add_dependencies(robot_server ${${PROJECT_NAME}EXPORTED_TARGETS})
```

(5) 编译并运行程序,命令如下,效果如图 3-13 所示。

```
$ cd ~/catkin_ws
$ catkin_make
$ source ~/.bashrc
$ roscore(终端 1)
$ rosrun ch3_2 robot_client(终端 2)
$ rosrun ch3_2 robot_server(终端 3)
```

图 3-13　动作编程输出结果效果图

3.4　常用命令与工具

3.4.1　基本命令汇总

进入某一文件路径:

```
$ cd[file_name]
```

返回上一级目录:

```
$ cd ..
```

列出当前路径下的所有文件:

```
$ ls
```

将当前路径设置为某一个 ROS 包的路径:

```
$ roscd
```

显示出当前工作目录的绝对路径名称:

```
$ pwd
```

返回所要找的包的路径:

```
$ rospack find [package_name]
```

打印 ROS 环境变量:

```
$ echo $ROS_PACKAGE_PATH
```

确认环境变量已经设置正确:

```
$ echo $ROS_PACKAGE_PATH
```

打开环境变量设置文件:

```
$ sudo gedit ~/.bashrc
```

查看软件包列表和定位软件包：

```
$ rospack list
$ rospack find package-name
```

输出当前运行的 Topic 列表：

```
$ rostopic list
```

查看节点、终止节点：

```
$ rosnode info node-name
$ rosnode kill node-name
```

查看在一个主题上发布的数据：

```
$ rostopic echo [topic]
```

查看 Topic 的类型、发布者、订阅者：

```
$ rostopic info topic-name
```

测量发布频率：

```
$ rostopic hz topic-name              //每秒发布的消息数量
$ rostopic bw topic-name              //每秒发布信息所占的字节量
```

用命令行发布消息：

```
$ rostopic pub-r rate-in-hz topic-name message-type message-content
```

查看消息类型：

```
$ rosmsg show message-type-name
```

查看参数列表：

```
$ rosparam list
```

查询参数：

```
$ rosparam get parameter_name
```

设置参数：

```
$ rosparam set parameter_name parameter_value
                    //rosservice call/clear 之后起作用
```

创建和加载参数文件：

```
$ rosparam  dump/load filename namespace
```

列出所有服务：

```
$ rosservice list
```

查看某一特定节点提供的服务：

```
$ rosnode info node-name
```

查找提供特定服务的节点：

```
$ rosservice node service-name
```

查看服务的数据类型：

```
$ rosservice info service-name
```

从命令行调用服务：

```
$ rosservice call service-name request-content
```

录制包文件：

```
$ rosbag record -O filename.bag topic-names
```

回放包文件：

```
$ rosbag play filename.bag
```

检查文件包：

```
$ rosbag info filename.bag
```

3.4.2　launch 文件

　　ROS 采用 rosrun 命令只能启动一个节点，并且需要在启动该节点之前启动节点管理器（ROS Master）。但是在实际的项目中经常会同时用到多个节点，这就需要同时打开多个终端，会带来一些不便，而 launch 文件及 roslaunch 命令就解决了启动节点管理器以及多个节点的问题。

　　launch 文件：通过 XML 文件实现多节点的配置与启动，并且可以自动启动 ROS Master，通常以 .launch 作为文件扩展名。

　　roslaunch 命令可以运行 launch 文件，从而启动文件中所描述的需要打开的节点，而

roslaunch 的使用需要一个 launch 文件。使用格式：

```
$   roslaunch [package] [name.launch]
```

launch 文件相关标签：

(1)<launch>标签的作用类似于一个大括号，规定一片区域，所有的 launch 文件均由 <launch>开头，由</launch>结尾。

(2)<node>启动节点。

```
<node pkg="package-name" type="executable-name" name="node-name"/>
```

其中，pkg 为节点所在的功能包名称；type 为节点的可执行文件名称；name 为节点运行时的名称。

(3)<param>设置 ROS 运行中的参数，存储在参数服务器中。

```
<param name="output_frame" value="odom"/>
```

其中，name 为参数名；value 为参数值。

(4)<rosparam>加载参数文件中的多个参数。

```
<rosparam file="params.yaml" command="load" ns= "params"/>
```

(5)<arg>设置参数，但是该标签与上述提到的<param>标签最大的区别在于<arg>用于设置 launch 文件内部的局部变量，而这些变量只能在该 launch 文件中使用。

```
<arg name="arg-name" default="arg-value"/>
```

其中，name 为参数名；default 为参数值。

(6)<remap>重映射 ROS 计算图资源的命名。

```
<remap from="/turtlebot/cmd_vel" to="/cmd_vel"/>
```

其中，from 为原命名；to 为映射之后的命名。

(7)<include>嵌套，用于包含其他 launch 文件。

```
<include file="$(dirname)/other.launch"/>
```

3.4.3 TF 工具箱

TF 是坐标变换工具,任意一台计算机上的 ROS 组件都可以在没有中央服务器(提供转换信息)的情况下获得关于机器人坐标系的所有信息。

用户可以使用 TF 工具箱进行如下坐标变换。

(1)TF Listener(监听坐标变换)：接收系统中广播的所有坐标系信息，并且可以查询某些坐标之间的变换。

（2）TF Broadcaster（广播坐标变换）：发送坐标系中的相对变换信息给系统中的其他部件。

接下来介绍如何实现 TF 坐标变换。

1. 实现监听坐标变换

（1）定义一个监听器用来监听系统中的坐标信息；

（2）查找等待坐标变换。

2. 实现广播坐标变换

（1）定义一个广播器用来广播系统中的坐标信息；

（2）创建坐标变换值；

（3）发布坐标变换。

下面引用 ROS Wiki 官网上 TF 功能包中的一个例程来深入理解 TF 坐标变换，该例程实现的功能是生成两只小海龟，通过键盘控制节点控制其中一只小海龟，并让另一只小海龟跟随其运动。该代码便是 3.5 节中小海龟跟随的具体实现。

（1）创建一个名为 tf_practice 的功能包，在 src 文件夹下编写广播器和监听器的程序，具体命令如下：

```
$ cd ~/catkin_ws/src
$ catkin_create_pkg tf_practice std_msgs roscpp rospy
$ cd tf_practice/src
$ touch tf_practice_broadcaster.cpp tf_practice_listener.cpp
```

在 tf_practice 功能包的 src 文件夹下会出现空白文档 tf_practice_broadcaster.cpp 和 tf_practice_listener.cpp，分别在其中编写广播器（tf_practice_broadcaster）和监听器（tf_practice_listener）的实现程序：

```
/*tf_practice_broadcaster*/
#include<ros/ros.h>
#include<tf/transform_broadcaster.h>
#include<turtlesim/Pose.h>
std::string name;
void Callback(const turtlesim::PoseConstPtr& TCg)
{
    //定义 TF 广播器
    static tf::TransformBroadcaster TFbr;

    //依据海龟当前的位姿，设置相对于世界坐标系的坐标变换
    tf::Transform TCtransform;
    TCtransform.setOrigin(tf::Vector3(TCg->x, TCg->y, 0.0));
```

```
    tf::Quaternion a;
    a.setRPY(0, 0, TCg->theta);
    TCtransform.setRotation(a);
    //发布坐标变换
    TFbr.sendTransform(tf::StampedTransform(TCtransform,ros::Time::now(),
"world", name));
    }

    int main(int argc, char** argv)
    {
        ros::init(argc, argv, "tf_broadcaster");  //初始化节点
        if(argc!=2)
        {
            ROS_ERROR("please enter the name of the turtle");
            return -1;
        };
        name=argv[1];

        //订阅海龟的位置信息
        ros::NodeHandle n;
        ros::Subscriber sub=n.subscribe(name+"/pose", 10, &Callback);
        ros::spin();
        return 0;
    }
    /*tf_practice_listener*/
    #include<ros/ros.h>
    #include<tf/transform_listener.h>
    #include<geometry_msgs/Twist.h>
    #include<turtlesim/Spawn.h>
    int main(int argc, char** argv)
    {
        ros::init(argc, argv, "tf_listener");  //初始化节点
        ros::NodeHandle n;

        //通过服务调用，产生第二只海龟 turtle2
        ros::service::waitForService("spawn");
        ros::ServiceClient new_turtle=n.serviceClient<turtlesim::Spawn> ("sp
awn");
        turtlesim::Spawn TCv;
        new_turtle.call(TCv);

        //定义 turtle2 的速度控制发布器
        ros::Publisher  TCvel=n.advertise<geometry_msgs::Twist>("turtle2/cmd_
vel",10);
```

```
//定义 TF 监听器
tf::TransformListener TClisten;
ros::Rate rate(10.0);

while(n.ok())
{
    tf::StampedTransform TCtransform;
    try
    {
        TClisten.waitForTransform("/turtle2", "/turtle1", ros::Time(0),
                                  ros::Duration(3.0));
        //查找 turtle2 与 turtle1 的坐标变换
        TClisten.lookupTransform("/turtle2", "/turtle1", ros::Time(0),
                                 TCtransform);
    }
    catch(tf::TransformException &x)
    {
        ROS_ERROR("%s",x.what());
        ros::Duration(1.0).sleep();
        continue;
    }
    //计算两海龟之间的坐标变换，获取新生海龟的速度信息计算，并发布相应的控制命令
    geometry_msgs::Twist sudu_msg;

    sudu_msg.angular.z=4.0*atan2(TCtransform.getOrigin().y(),
                       TCtransform.getOrigin().x());
    sudu_msg.linear.x=0.5*sqrt(pow(TCtransform.getOrigin().x(), 2)+
                       pow(TCtransform.getOrigin().y(), 2));

    TCvel.publish(sudu_msg);

    rate.sleep();
}
return 0;
}
```

（2）在功能包的 CMakeLists.txt 文件中添加编译选项，注意要在 find_package 中添加 TF 功能包，具体添加如下：

```
find_package(tf)    //注：找到 find_package，并在其中添加 TF 功能包

add_executable(tf_practice_broadcaster src/tf_practice_broadcaster.cpp)
target_link_libraries(tf_practice_broadcaster ${catkin_LIBRARIES})
```

```
add_executable(tf_practice_listener src/tf_practice_listener.cpp)
target_link_libraries(tf_practice_listener ${catkin_LIBRARIES})
```

（3）运行可执行文件。由于要启动多个节点，可以尝试应用.launch 文件一次性完成多节点的启动。在 tf_practice 功能包下新建名为 launch 的文件夹，用于存放定义的.launch 文件，进入 launch 文件夹后，建立.launch 文件，并编写代码，具体命令及代码如下（在 launch 文件夹下打开终端）：

```
$ touch tf_listener.launch

<launch>
    <!--海龟仿真器节点-->
    <node pkg="turtlesim" type="turtlesim_node" name="sim"/>
    <!--键盘控制节点-->
    <node pkg="turtlesim" type="turtle_teleop_key" name="teleop" output=
"screen"/>

    <!--两只海龟的 TF 广播-->
    <node pkg="tf_practice" type="tf_practice_broadcaster"
        args="/turtle1" name="tf_practice_broadcaster"/>
    <node pkg="tf_practice" type="tf_practice_broadcaster"
        args="/turtle2" name="tf_practice_broadcaster"/>

    <!--监听 TF 广播，并且控制 turtle2 移动-->
    <node pkg="tf_practice" type="tf_practice_listener"
        name="listener"/>
</launch>
```

回到根目录下编译运行节点：

```
$ cd ~/catkin_ws
$ catkin_make
$ source ~/.bashrc
$ cd ..
$ roslaunch tf_practice tf_listener.launch
```

通过键盘控制小海龟移动，会发现第二只海龟始终跟随第一只小海龟运动，如图 3-14 所示。

3.4.4　Qt 工具箱

Qt 工具箱的使用，首先需要安装 rqt 工具，命令如下：

```
$ sudo apt-get install ros-melodic-rqt
$ sudo apt-get install ros-melodic-rqt-common-plugins
```

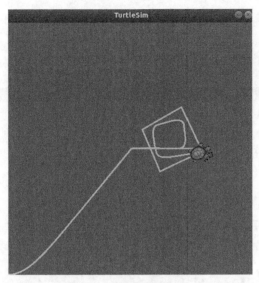

图 3-14　小海龟跟随效果(一)

然后即可运行 rqt 工具:

```
$ rqt
```

常用的 rqt 工具主要包括以下四种。

(1)数据绘图工具——rqt_plot, 利用此工具可以绘制数据变化图发布在 Topic 上, 如图 3-15 所示。

```
$ rosrun rqt_plot rqt_plot
```

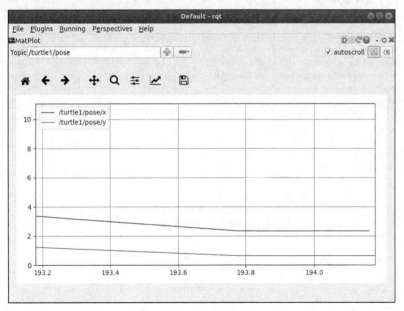

图 3-15　rqt 数据绘图

（2）计算图可视化工具——rqt_graph，可画出节点关系图，如图 3-16 所示。

```
$ rosrun rqt_graph rqt_graph
```

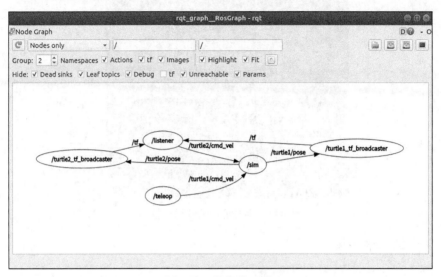

图 3-16　节点关系图

（3）日志输出工具——rqt_console，用来显示节点的输出信息，如图 3-17 所示。

```
$ rosrun rqt_console rqt_console
```

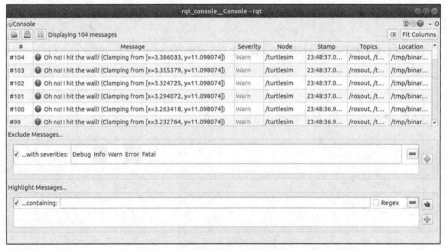

图 3-17　节点输出信息显示图

（4）参数动态配置工具——rqt_reconfigure，如图 3-18 所示。

```
$ rosrun rqt_reconfigure rqt_reconfigure
```

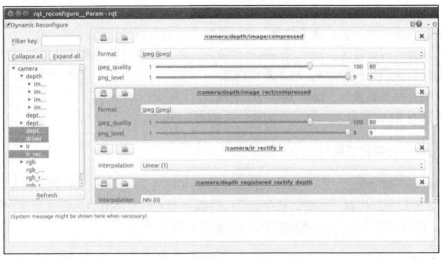

图 3-18　参数动态配置工具

3.4.5　RViz 可视化工具

RViz 是 ROS 中一款强大的 3D 可视化工具，它能够可视化传感器的数据和状态信息，方便开发者进行程序的调试。同时它可以在 ROS 框架中进行机器人的开发，使用也比较简单。启动 RViz 界面的命令如下，启动后界面如图 3-19 所示。

```
$ roscore(终端 1)
$ rviz(终端 2)
```

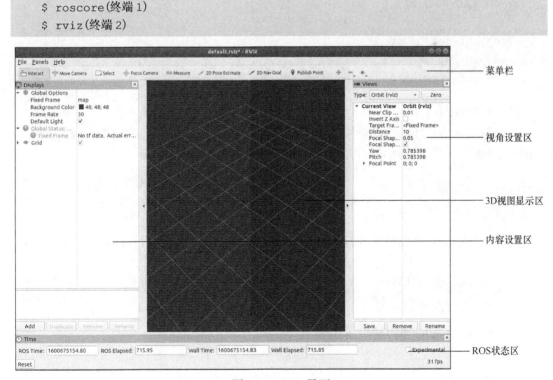

图 3-19　RViz 界面

界面主要分为菜单栏、内容设置区、3D 视图显示区、视角设置区、ROS 状态区。

(1)上部为菜单栏，包括视角控制、目标设置、地点发布等插件。

(2)左侧为内容设置区，显示当前选择的插件，并且能够对插件的属性进行设置。

(3)中间为 3D 视图显示区，显示外部信息。

(4)右侧为视角设置区，选择不同的观测视角。

(5)下部为 ROS 状态区，显示系统时间和 ROS 时间等。

3.4.6　Gazebo 可视化工具

Gazebo 是一款功能强大的三维物理仿真平台，可以在 ROS 中完成物理仿真环境的搭建。Gazebo 也是一款机器人的仿真软件，可以模拟机器人以及环境中的很多物理特性。同时它具有高质量的图形渲染、方便的编程与图形接口等特点。

1. 安装 Gazebo

(1)添加源。

```
$ sudo sh -c 'echo "deb http://packages.osrfoundation.org/gazebo/ ubuntu-stable`lsb_release-cs`main">/etc/apt/sources.list.d/gazebo-stable.list'
$ wget http://packages.osrfoundation.org/gazebo.key-O-|sudo apt-key add-
```

(2)安装 Gazebo 的命令。

```
$ sudo apt-get update
$ sudo apt-get install gazebo9
$ sudo apt-get install libgazebo9-dev
```

(3)打开 Gazebo。

为了 Gazebo 仿真环境可以顺利打开，可以提前将模型文件库下载并放置在 ~ /.gazebo/models 文件夹下。启动 Gazebo 命令为

```
$ roscore(终端1)
$ gazebo(终端2)
```

若打开 Gazebo 时出现黑屏或闪退问题，可在终端输入如下命令后重新启动 Gazebo：

```
$ export SVGA_VGPU10=0
$ echo "export SVGA_VGPU10=0">> ~/.bashrc
```

打开之后的 Gazebo 界面如图 3-20 所示。

左面板　　　　　　　　　　场景　　上工具栏　下工具栏　　　　　右面板

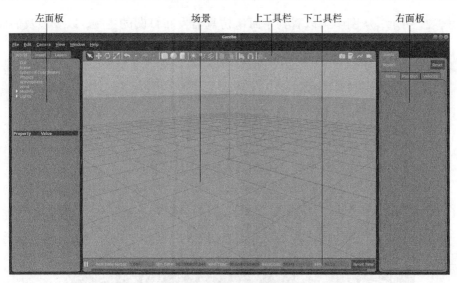

图 3-20　Gazebo 界面

2. Gazebo 界面介绍

（1）场景：模拟器的主要部分，是仿真模型显示的地方，可以在此操作仿真对象，使其与环境进行交互。

（2）左面板：默认情况下界面会出现左面板。面板上方有三个标签。

World（世界）选项卡，显示当前在场景中的模型，并允许查看和修改模型参数。

Insert（插入）选项卡，添加新对象（模型）。

Layers（图层）选项卡，组织和显示模型中可用的不同可视化组。

（3）右面板：默认情况下右面板并不显示出来。该面板主要用于与所选模型的移动部件进行交互，如果有需要可以打开该面板查看相关信息。

（4）上工具栏：Gazebo 的主工具栏，它通常包含一些最常见的与各种模拟器交互的选项。在该工具栏中可以通过选择按钮，对模型进行移动、复制、粘贴等操作，同时也可以创建一些简单的图像形状。

（5）下工具栏：主要用来显示有关模拟的数据，如模拟时间及其与实际时间的关系。

3.5　操作小海龟

2.4.1 节介绍了如何启动小海龟仿真节点，以及如何产生一只小海龟并启动键盘控制节点控制小海龟的移动。为了使读者进一步理解 ROS 的通信以及熟悉一些常见命令的使用，本节将继续以小海龟的操作为例，进一步理解如何控制小海龟的移动。首先按照 2.4.1 节所述产生小海龟并控制它移动，然后进行下面的操作。

1. 查看小海龟仿真器的具体信息

使用 rosnode 命令查看小海龟仿真器的具体信息。相应的程序命令如下，运行的结果图如图 3-21 所示，从图中可以看到小海龟仿真器发布订阅的主题，以及涉及的服务。

```
$ rosnode info /turtlesim
```

图 3-21　查看小海龟仿真器的具体信息的程序与结果

2. 显示当前系统中订阅或发布的主题

使用 rostopic 命令，可查看当前系统中所有的订阅或发布的主题。相关程序命令如下，运行的结果如图 3-22 所示，同样也可以使用 rosservice 命令查看系统中订阅与发布的主题。

```
$ rosctopic list
```

图 3-22　显示当前系统中订阅或发布的主题的程序与结果

3. 监听小海龟运动速度的信息

从图 3-22 中可以看出小海龟节点会订阅 turtle1/cmd_vel 的速度主题，并以此来完成运动。执行完成相关命令后，继续在终端中运行小海龟仿真器，以控制小海龟做向前的直线运动为例，用到的命令如下，相应的速度监听结果如图 3-23 所示。

```
$ rostopic echo /turtle1/cmd_vel
```

zjx@zjx-virtual-machine:~$ rostopic echo /turtle1/cmd_vel
linear:
x: 2.0
y: 0.0
z: 0.0
angular:
x: 0.0
y: 0.0
z: 0.0

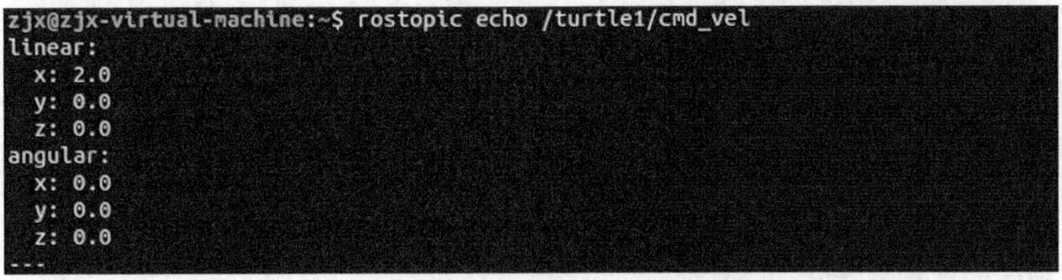

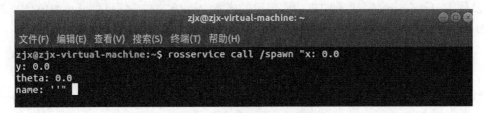

图 3-23　监听小海龟运动速度的信息的程序与结果

从图 3-23 可以看出，速度监听器反映出小海龟运动的两个信息：线速度与角速度，由于此处仅控制小海龟做向前的直线运动，故在角速度上没有输出，仅在线速度里的 x 方向上，有一个大小为 2m/s 的速度输出。

4. 在仿真器中新生一只小海龟

如果想新生一只小海龟，需要调用小海龟仿真器相应的服务/spawn。调整 x 和 y 坐标(新生小海龟位置)、小海龟名等参数，可以在仿真器中新生一只小海龟，其用到的命令可以先通过输入“rosservice call /spawn”，然后按 Tab 键自动补全速度与名称，再通过键盘左右方向键移动光标修改需要的速度与名称)。运行后的结果如图 3-24 所示。

zjx@zjx-virtual-machine: ~
文件(F) 编辑(E) 查看(V) 搜索(S) 终端(T) 帮助(H)
zjx@zjx-virtual-machine:~$ rosservice call /spawn "x: 0.0
y: 0.0
theta: 0.0
name: ''"

图 3-24　Tab 键补全命令示意图

要在位置(8.5, 6.6)上新生一只名字为 new_turtle 的小海龟，命令如下：

```
$ rosservice call /spawn "x: 8.5 y: 6.6 theta: 0.0 name: 'new_turtle'"
```

效果如图 3-25 所示。

5. 利用可视化工具，绘制小海龟运动曲线图

利用 rqt_plot 命令可绘制系统有关主题具体信息的数据曲线图。具体操作步骤为：首先在新打开的终端输入 rqt 命令，并在打开的窗口中选择 Plugins→Visualization→Plot 菜单项；然后添加所要绘制的主题，并对小海龟的 x、y 坐标(即小海龟在仿真器中的位置)变化进行曲线绘制；最后控制海龟移动，可得到如图 3-26 所示的曲线图。

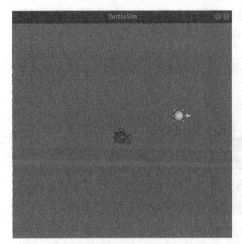

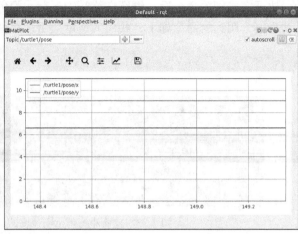

图 3-25　在仿真器中新生一只小海龟　　　　　图 3-26　小海龟位置变化曲线图

6. TF 工具的使用

在机器人学中坐标变换是一个非常重要的工具,在 ROS 中也提供了相应的功能包(TF)来实现坐标变化。

(1)使用如下命令对小海龟的 TF 功能包进行安装:

```
$ sudo apt-get install ros-melodic-turtle-tf
```

(2)使用 roslaunch 命令启动 TF 功能包里的样本 launch 文件, 便可打开小海龟仿真器。命令如下:

```
$ roslaunch turtle_tf turtle_tf_demo.launch
```

此时小海龟仿真器中会出现两只不同的小海龟, 其命令行与相应效果如图 3-27 所示。

图 3-27　小海龟 TF 功能包 launch 文件的启动及其效果

(3)使用键盘控制节点来控制小海龟移动，会发现新生的小海龟会跟随其进行移动。相应的效果如图 3-28 所示。具体的实现可以参照 3.4.3 节的代码。

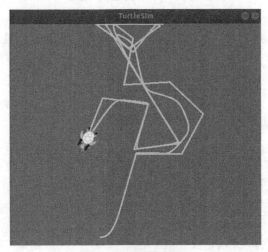

图 3-28　小海龟跟随效果(二)

使用 rosrun 命令调用 TF 工具，具体程序命令如下：

```
$ rosrun tf view_frames
```

运行的效果如图 3-29 所示。

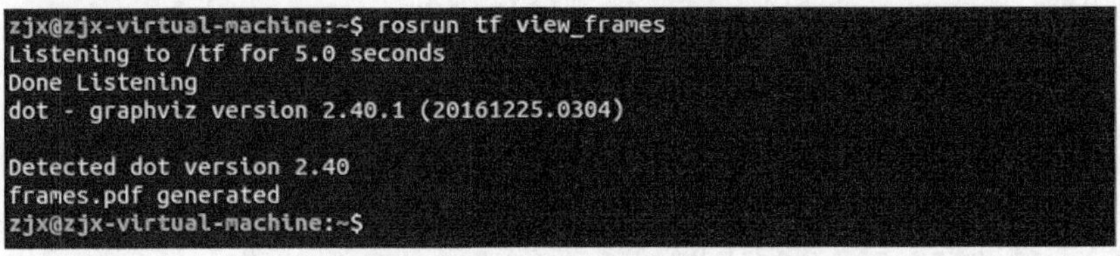

```
zjx@zjx-virtual-machine:~$ rosrun tf view_frames
Listening to /tf for 5.0 seconds
Done Listening
dot - graphviz version 2.40.1 (20161225.0304)

Detected dot version 2.40
frames.pdf generated
zjx@zjx-virtual-machine:~$
```

图 3-29　rosrun 命令调用 TF 工具程序与结果

从图 3-29 可以看出，运行该命令后，系统生成了一名为 frames 的 PDF 文件，用来记录 5s 内监听到的小海龟 TF 坐标变换信息。打开该 PDF 文件，其内容如图 3-30 所示。

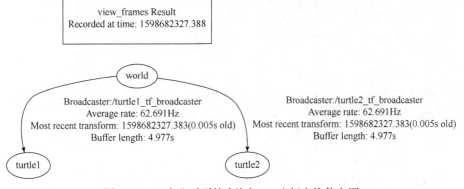

图 3-30　5s 内监听到的小海龟 TF 坐标变换信息图

3.6　ROS 编程实例

本节介绍一个 ROS 编程实例，具体任务是通过代码在(0,0)点处新生一只海龟，命名为 new_turtle，控制 new_turtle 沿着 $y=x$ 的函数图像做运动，并在终端打印其实时的位置信息。

（1）在工作空间创建一个新的功能包，命名为 task，在功能包的 src 文件夹下编写实现程序并存放在 turtle_practice.cpp 中，具体命令如下：

```
$ cd ~/catkin_ws/src
$ catkin_create_pkg task std_msgs rospy roscpp
$ cd task/src
$ touch turtle_practice.cpp
```

turtle_practice.cpp 文件内容如下：

```
#include<ros/ros.h>
#include<turtlesim/Spawn.h>
#include<geometry_msgs/Twist.h>
#include<turtlesim/Pose.h>

void Callback(const turtlesim::PoseConstPtr& msg)
{
    ROS_INFO("new_turtle position:(%f,%f)",msg->x,msg->y);
}

int main(int argc,char** argv)
{
    ros::init(argc,argv,"turtle_practice");   //初始化节点

    ros::NodeHandle n;

    //通过服务调用，产生第二只海龟turtle2
    ros::service::waitForService("spawn");
    ros::ServiceClient newturtle=n.serviceClient<turtlesim::Spawn>("spawn");
    turtlesim::Spawn TCsrv;
    TCsrv.request.x=0;
    TCsrv.request.y=0;
    TCsrv.request.name="new_turtle";
    newturtle.call(TCsrv);

    //订阅海龟的位姿信息，并在回调函数中将其位置在终端打印出来
```

```
ros::Subscriber sub=n.subscribe("new_turtle/pose",10,&Callback);

//定义 turtle 的速度控制发布器
ros::Publisher  new_turtle_vel=n.advertise<geometry_msgs::Twist>("new_
turtle/cmd_vel",10);

ros::Rate rate(10);

while(n.ok())
{
    //发布速度控制命令
    geometry_msgs::Twist TCvel;
    TCvel.linear.x=1;
    TCvel.linear.y=1;
    new_turtle_vel.publish(TCvel);

    ros::spinOnce();
    rate.sleep();
}
return 0;
}
```

(2)在 task 功能包下新建 launch 文件，并双击该文件，编写 launch 文件，命名为 turtle_practice.launch，实现多节点的启动：

```
<launch>
<node pkg="turtlesim" type="turtlesim_node" name="turtlesim_node"/>
<node pkg="task" type="turtle_practice" name="turtle_practice" output=
"screen"/>
</launch>
```

(3)添加编译选项：

```
add_executable(turtle_practice src/turtle_practice.cpp)
target_link_libraries(turtle_practice ${catkin_LIBRARIES})
```

(4)编译并运行可执行文件：

```
$ cd ~/catkin_ws
$ catkin_make
$ source ~/.bashrc
$ roslaunch task turtle_practice.launch
```

运行效果如图 3-31 所示，从图中也可以看出小海龟位置的横纵坐标是相同的，完成了预期的任务。

图 3-31　实时位姿显示与运行效果

第4章 机器人定位技术

定位技术是机器人实现避障、路径规划以及运动控制等复杂任务的基础和前提。本章将首先介绍机器人定位技术的相关概念，然后讲解当下常用的定位技术，最后介绍多传感器融合定位技术。

4.1 定位技术概述

定位回答了"我在哪里？"这个问题。确切地说，定位就是确定某个对象在其运动环境中的坐标。以我们自身为例，当有人问我们具体在哪里时，我们第一反应便是打开手机发送实时位置给对方，这样既省去了多余的口头描述，又得到了准确的位置信息，这便是日常生活中的定位问题。定位是导航开始的前提，是路径规划产生的必要条件之一。有了定位信息，便可根据方向、距离、坐标以及周围参照物的属性，自主规划或依靠设备规划出合理的路径，进而到达目标位置。

对于机器人而言，它通常需要在未知环境中执行特定任务，这些任务的完成需要一个较精准的定位来保证。同时，随着机器人应用的不断深入，对机器人自主导航能力的需求也不断提高，因此，解决机器人的定位问题尤为关键。

机器人是各种技术的集合体，因此，我们需要从技术上来了解机器人是如何实现定位的。人类可以依靠手机实现实时定位，而手机可以通过卫星导航系统(如北斗、GPS等)实现定位。对于机器人定位的实现，其手段不断多样化与智能化，从最初在机器人内部配备编码器等传感器对自身位置进行航位推算，逐步演变为给机器人配备多种传感器实现融合定位。例如，通过激光雷达和相机等传感器可获取外部环境的数据(距离信息或特征点等)，然后采用特定的位置估计算法，可计算出机器人的位置。近些年更是涌现了大量多传感器融合定位方法，极大地提高了机器人的定位精度。

根据传感器种类和定位方式的不同，本书将定位技术分为六大类，包括激光雷达定位技术、里程计定位技术、视觉定位技术、基于天然信源的定位技术、基于外置信源的定位技术以及多传感器融合定位技术。下面将分别介绍各类定位技术的基本原理和相关技术的实现。

4.2 激光雷达定位技术

基于激光雷达的定位是目前市场上机器人最主流的定位技术之一。它具有体积小、抗干扰能力强、定位精度高等特点，使得激光雷达的应用越来越广泛，在机器人、无人驾驶、无人车等领域都能见到它的身影。本节将首先介绍激光雷达的工作原理，然后介绍在

ROS 中激光雷达的数据获取和存储方式，并结合一个示例介绍如何使用这些数据，最后介绍如何实现基于激光测距的定位原理。

4.2.1　激光雷达的工作原理

激光雷达按照其工作原理一般可以分为两种，一种是基于三角测距的激光雷达，另一种是基于飞行时间(Time of Flight，TOF)的激光雷达。接下来分别介绍这两种激光雷达的工作原理。

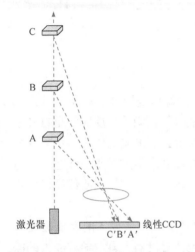

1. 基于三角测距的激光雷达

基于三角测距的激光雷达原理如图 4-1 所示，激光器发射激光，在照射到物体后，反射光由线性电荷耦合器件(CCD)接收，由于激光器和探测器间隔了一段距离，因此依照光学路径，不同距离的物体将会成像在 CCD 上不同的位置。按照三角公式进行计算，即可推导出被测物体与雷达之间的距离。

2. 基于 TOF 的激光雷达

基于 TOF 的激光雷达的原理如图 4-2 所示，激光器发射一个激光脉冲，由计时器记录下发射的时间，被反射回来的光经接收器接收，再由计时器记录下接

图 4-1　基于三角测距的激光雷达原理

收的时间。两个时间相减即得到了光的飞行时间，而光速是一定的，因此在速度和时间已知的情况下，就很容易计算出距离。

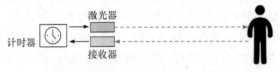

图 4-2　基于 TOF 的激光雷达原理

基于三角测距的激光雷达在测距时，该物体距离雷达越远，它在 CCD 上的位置差别就越小，超过一定的距离就很难辨认，因此该方法不适合测量远距离；而基于 TOF 的激光雷达是依靠时间来计算距离的，因此具有较高的测量精度。市面上多采用基于 TOF 的激光雷达进行测距。

激光雷达根据其激光束的数目可以分为单线激光雷达、4 线激光雷达、16/32/64 线激光雷达，一般安装在机器人或无人车四周的激光雷达的激光线束均小于 8，而安装在车顶的激光雷达的激光线束一般不小于 16。下面简单介绍这几种雷达。

1. 单线激光雷达

单线激光雷达是目前成本最低的激光雷达，其原理如图 4-3 所示。单束激光发射器在激光雷达内部进行匀速旋转，每旋转一个小角度发射一次激光，这样旋转过一定角度后，

就生成了一帧完整的数据。因此，单线激光雷达的数据可以看作同一高度的一排点阵。单线激光雷达的数据只能描述二维信息，无法描述三维空间信息。观察图 4-3 可知，激光雷达的对面有一块纸板，可以测量出这块纸板相对激光雷达的距离，但是这块纸板的高度信息无从得知。

2. 4 线激光雷达

4 线激光雷达分别对四个激光发射器进行轮询，一个轮询周期后，就可以得到一帧的激光点云数据。四条点云数据可以组成面状信息，这样就能够获取障碍物的高度信息。根据单帧的点云的坐标可得到障碍物的距离信息。根据多帧的点云的坐标，对距离做微分处理，可得到障碍物的速度信息。图 4-4 所示为 4 线激光雷达。

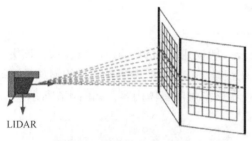

图 4-3　单线激光雷达原理　　　　　　　　　图 4-4　4 线激光雷达

3. 16/32/64 线激光雷达

16/32/64 线激光雷达的感知范围为 360°。为了最大化地发挥它们的优势，其常安装在机器人/无人车的顶部。360°的激光数据可视化后的效果如图 4-5 所示。图中的每一个圆圈都是一个激光束产生的数据，激光雷达的线束越多，对物体的检测效果越好。例如，64 线的激光雷达产生的数据，将会更容易检测到道路边沿。

图 4-5　16/32/64 线激光雷达及其激光数据可视化效果图

4.2.2　激光雷达数据

激光雷达的点云数据结构比较简单，下面以 N 线激光雷达为例来介绍点云的数据结构。在实际的激光雷达测距模块中，每一帧的数据都会有时间戳，因此可根据时间戳进行相关信息的计算(如距离信息、速度信息等)。N 线激光雷达的点云数据可采用如下结构表示。

N 线点云数据
时间戳
1 线点云数据×N

每 1 线点云的数据结构又由点云的数量和每一个点云的数据结构组成。由于激光雷达的数据采集频率和单线的点云数量都是可以设置的，因此每 1 线点云数据中需要包含点云数量这个信息，1 线点云数据如下：

1 线点云数据
时间戳
1 线点云数据×点云数量

最底层的是单个点云的数据结构。而每个点云一般使用 theta/r 的极坐标表示。该极坐标值一般可使用激光雷达生产厂家提供的驱动来获得。在 ROS 中激光雷达的消息类型为 sensor_msgs/LaserScan，可以通过如下命令来查看该消息的具体内容，如图 4-6 所示。

```
$ rosmsg show sensor_msgs/LaserScan
```

图 4-6　sensor_msgs/LaserScan 消息的具体内容

图 4-6 所示的点云消息中每个参数的具体含义如表 4-1 所示。

表 4-1　sensor_msgs/LaserScan 消息参数的具体说明

参数	参数含义
std_msgs/Header header	数据的消息头
uint32 seq	数据的序号
time stamp	数据的时间戳

续表

参数	参数含义
string frame_id	数据的坐标系
float32 angle_min	雷达数据的起始角度(最小角度)
float32 angle_max	雷达数据的终止角度(最大角度)
float32 angle_increment	雷达数据的角度分辨率(角度增量)
float32 time_increment	雷达数据每个数据点的时间间隔
float32 scan_time	当前帧数据与下一帧数据的时间间隔
float32 range_min	雷达数据的最小值
float32 range_max	雷达数据的最大值
float32[] ranges	雷达数据每个点对应的在极坐标系下的距离值
float32[] intensities	雷达数据每个点对应的强度值

　　下面将通过代码示例来更深入地认识激光雷达数据。读者可以按照第 3 章的内容自行创建工作空间与功能包。需要注意的是：创建功能包时需要添加 sensor_msgs 依赖。创建完成后，在功能包的 src 文件夹中创建 laser_scan_node.cpp 文件，该文件的代码如下：

```cpp
#include<ros/ros.h>
#include<sensor_msgs/LaserScan.h>

//声明一个类
class LaserScan
{
    private:
        ros::NodeHandle node_handle_;        //ros 中的句柄
        ros::NodeHandle private_node_;        //ros 中的私有句柄
        ros::Subscriber laser_scan_subscriber_; //声明一个 Subscriber
    public:
        LaserScan();
        ~LaserScan();
        void ScanCallback(const sensor_msgs::LaserScan::ConstPtr&scan_ msg);
};

// 构造函数
LaserScan::LaserScan(): private_node_("~")
{
    ROS_INFO_STREAM("LaserScan initial.");
```

```cpp
    //将雷达的回调函数与订阅的 Topic 进行绑定
    laser_scan_subscriber_=node_handle_.subscribe("laser_scan",1,
    &LaserScan::ScanCallback,this);
}
LaserScan::~LaserScan()
{
}


//回调函数
    void LaserScan::ScanCallback(const  sensor_msgs::LaserScan::ConstPtr  &scan_
msg)
    {
        ROS_INFO_STREAM(
            "seqence: "<<scan_msg->header.seq<<
            ",time stamp: "<<scan_msg->header.stamp<<
            ",frame_id: "<<scan_msg->header.frame_id<<
            ",angle_min: "<<scan_msg->angle_min<<
            ",angle_max: "<<scan_msg->angle_max<<
            ",angle_increment: "<<scan_msg->angle_increment<<
            ",time_increment: "<<scan_msg->time_increment<<
            ",scan_time: "<<scan_msg->scan_time<<
            ",range_min: "<<scan_msg->range_min<<
            ",range_max: "<<scan_msg->range_max<<
            ",range size: "<<scan_msg->ranges.size()<<
           ",intensities size: " << scan_msg->intensities.size());

        for (int i=0; i<scan_msg->ranges.size(); i++)
        {
            //第 i 个点的欧几里得坐标
            double range=scan_msg->ranges[i];
            double angle=scan_msg->angle_min+scan_msg->angle_increment*i;
            double x=range*cos(angle);
            double y=range*sin(angle);

            ROS_INFO_STREAM(
                //第 i 个数据点对应的极坐标
                "range="<<range<<", angle="<<angle<<
                //第 i 个数据点对应的坐标
                ",x="<<x<<", y="<<y
            );
        }
    }
```

```
int main(int argc, char**argv)
{
    ros::init(argc, argv, "laser_scan_node");//节点的名字
    LaserScan laser_scan;

    ros::spin();
    return 0;
}
```

激光雷达数据的 ranges 字段只存储了极坐标系下的距离值，如果我们想知道每个数据点对应的欧几里得(欧氏)坐标，还需要将极坐标进行转换。转换的原理如图 4-7 所示，就是通过索引来获取 ranges 中的值，再通过索引算出这个值对应的角度。

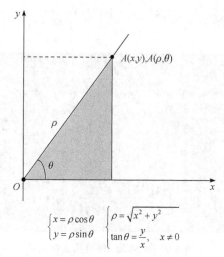

$$\begin{cases} x = \rho\cos\theta \\ y = \rho\sin\theta \end{cases} \qquad \begin{cases} \rho = \sqrt{x^2 + y^2} \\ \tan\theta = \dfrac{y}{x}, \quad x \neq 0 \end{cases}$$

图 4-7　极坐标与直角坐标互化示意图

创建好代码文件后，修改 CMakeLists.txt 文件，将新创建的 laser_scan_node.cpp 文件添加到编译选项，具体内容如下：

```
#为指定的文件生成可执行文件
add_executable(laser_scan_node src/laser_scan_node.cpp)

#为生成的可执行文件添加依赖
  add_dependencies(laser_scan_node
    ${${PROJECT_NAME}_EXPORTED_TARGETS})

#为生成的可执行文件添加库的链接
target_link_libraries(laser_scan_node
${catkin_LIBRARIES})
```

编译并生成相应的可执行文件。开启终端启动 roscore，重新打开另一终端，并输入

如下命令启动该节点，启动后如图 4-8 所示。

```
$ rosrun ch3_2 laser_scan_node
```

```
leb@leb-virtual-machine:~/catkin_ws$ rosrun ch3_2 laser_scan_node
[ INFO] [1637841371.502195276]: LaserScan initial.
```

图 4-8　laser_scan_node 节点启动初始界面

目前没有其他消息打印出来，这是因为程序还没有接收到激光雷达的数据消息，所以需要有雷达数据输入，可通过 rosbag play ch4.bag 命令进行 bag 的播放(该文件在本书的电子资源中提供)。下载完 bag 数据后，在其所在文件夹中打开终端并输入如下命令，运行结果如图 4-9 所示。

```
$ rosbag play ch4.bag
```

```
[ INFO] [1628846282.237843214]: range = 2.585, angle = -1.41808, x = 0.393239, y = -2.55491
[ INFO] [1628846282.238213117]: range = 2.585, angle = -1.41372, x = 0.404383, y = -2.55317
[ INFO] [1628846282.238710771]: range = 2.585, angle = -1.40935, x = 0.415519, y = -2.55139
[ INFO] [1628846282.238888808]: range = 2.585, angle = -1.40499, x = 0.426648, y = -2.54955
[ INFO] [1628846282.239053926]: range = 2.585, angle = -1.40063, x = 0.437768, y = -2.54766
[ INFO] [1628846282.239218332]: range = 2.585, angle = -1.39626, x = 0.44888, y = -2.54573
[ INFO] [1628846282.239405625]: range = 2.585, angle = -1.3919, x = 0.459984, y = -2.54375
[ INFO] [1628846282.239570840]: range = 2.585, angle = -1.38754, x = 0.471079, y = -2.54171
[ INFO] [1628846282.239733854]: range = 2.585, angle = -1.38317, x = 0.482164, y = -2.53963
[ INFO] [1628846282.239895576]: range = 2.585, angle = -1.37881, x = 0.493241, y = -2.53751
[ INFO] [1628846282.240057989]: range = 2.585, angle = -1.37445, x = 0.504308, y = -2.53533
[ INFO] [1628846282.240974470]: range = 2.585, angle = -1.37008, x = 0.515366, y = -2.53311
[ INFO] [1628846282.241192310]: range = 2.585, angle = -1.36572, x = 0.526414, y = -2.53083
[ INFO] [1628846282.241421023]: range = 2.585, angle = -1.36136, x = 0.537451, y = -2.52851
[ INFO] [1628846282.241591626]: range = 2.585, angle = -1.35699, x = 0.548479, y = -2.52614
[ INFO] [1628846282.243846615]: range = 2.585, angle = -1.35263, x = 0.559496, y = -2.52373
[ INFO] [1628846282.244033793]: range = 2.585, angle = -1.34827, x = 0.570503, y = -2.52126
[ INFO] [1628846282.244202672]: range = 2.585, angle = -1.3439, x = 0.581498, y = -2.51875
```

图 4-9　转换成二维直角坐标

4.2.3　激光雷达定位

4.2.1 节和 4.2.2 节介绍了激光雷达的工作原理，以及激光雷达的数据在 ROS 中获取和存储方式，并给出了一个示例展示了激光雷达的数据。但是，新问题出现了，激光雷达仅仅通过这些数据就能完成机器人的定位吗？本节将介绍激光雷达是如何实现定位的。

基于激光雷达的定位是通过激光雷达的数据消息来确定机器人自身所在的位置。在机器人运动的过程中让其知道自己在环境中所处的位置以及其运动轨迹，这一过程称为激光里程计的搭建，一般作为激光 SLAM(同步定位与建图)的前端完成机器人对自身位姿的估计。其过程是：通过对两帧间的点云数据进行帧间匹配，得到两帧之间的变换关系，将最初的位置作为起点，由此便可估计两帧之间的运动，进而实现定位。如前所述，激光雷达包括二维激光雷达和三维激光雷达，下面分别对它们的定位原理进行介绍。

(1) 二维激光雷达常用于室内环境的定位。室内环境虽然呈现结构化环境，但是摆放的物品可能会比较多，而且室内环境中也可能存在移动的人，使得传感器直接获取的原始数据杂乱并存在大量无效点，这会增加激光雷达定位的匹配难度，因此在实施核心匹配算法之前要对原始激光测距数据进行预处理。预处理的目的是去除无效点，并且将数据信息与同类物体的点进行聚类，从而提高匹配算法的精确度及鲁棒性。预处理一般包括中值滤波、点云分割处理两部分。

激光扫描匹配算法是通过将两次扫描获得的二维激光测距数据重叠部分最大化来计算机器人的相对运动。如图 4-10 所示，给定参考扫描帧 Z_{ref}、新扫描帧 Z_{new} 和一个对于两个扫描帧之间传感器位姿的粗略估计，计算它们之间的位移 $q=(x,y,\theta)$。位移 q 的计算可用迭代最近点(ICP)算法来完成，ICP 算法包含两个步骤的迭代：在每次迭代过程 k 中，首先在两幅扫描帧(Z_{ref} 和 Z_{new})的激光点中搜寻匹配对，然后通过最小化残差函数来估计位移 q。

根据是否运用高阶属性(如线和面特征)，以及对原始数据的处理方式的不同，激光匹配算法还有 Mb-ICP 扫描匹配算法、PSM 扫描匹配算法、PL-ICP 扫描匹配算法等，这些算法在三维激光雷达定位中也有相应的应用，这里不再详述。

(2)三维激光雷达一般用于室外环境的定位。基于三维激光雷达的定位算法中，最为典型的是 LOAM 算法，由于其存在低漂移、低计算量、高精度的优点，近年来应用广泛。LOAM 算法流程图如图 4-11 所示。①输入接收频率为 10Hz 的三维激光雷达点云，通过分割算法对每帧输入的点云进行重投影，将点云映射到一个固定范围的图像中并进行地面分割，非地面点被分割出来；②被分割的点云信息传入特征提取模块，进行平面点或边缘点的提取；③激光雷达里程计用前一个模块提取出来的特征建立两帧图像间的姿态变换约束，两帧图像间的姿态变换以 2Hz 的频率传递给雷达建图模块，并利用帧间约束关系将当前帧雷达点云拼接到全局点云地图中；④姿态融合变换模块将激光雷达测量和建图位姿估计结果相结合，发布 6 自由度的姿态估计。

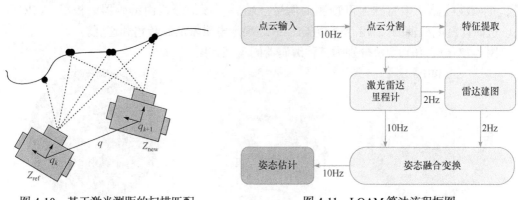

图 4-10　基于激光测距的扫描匹配　　　　　图 4-11　LOAM 算法流程框图

4.3　里程计定位技术

里程计(Odometry)是一种利用从移动传感器获得的数据来估计物体位置的技术。该技术用于多种机器人(轮式或者腿式)相对于初始位置移动距离的估计，而不是确定这些机器人的绝对位置估计。这种技术通过对速度的积分来求得位置的估计值，因此快速、精确的数据采集、设备标定以及处理过程是十分必要的。图 4-12 所示为常见的配备编码器的直流减速电机。

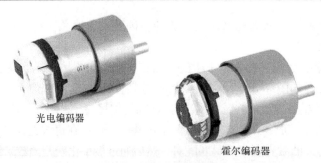

光电编码器

霍尔编码器

图 4-12　直流减速电机

光学编码器(光电编码器)由 LED 光源(通常是红外光源)和光电探测器组成,它们分别位于编码器码盘两侧。编码器码盘由塑料或玻璃制成,上面间隔排列着一系列透光和不透光的线或槽。在码盘旋转时,LED 光路被码盘上间隔排列的线或槽阻断,从而产生两路典型的方波 A 和 B 的正交脉冲,由此来确定电机轴的旋转和速度。

磁性编码器(霍尔编码器)的结构与光学编码器相似,只不过它用磁场替代了光束,磁性码盘上带有间隔排列的磁极,并在一列霍尔效应传感器或磁阻传感器上旋转。当码盘转动时,这些传感器会产生响应,而产生的信号将传输至信号调理前端电路以确定轴的位置,由此来确定电机轴的旋转角和速度。

电容式编码器与前两者不同,主要由三部分组成:转子、固定发射器和固定接收器。电容感应采用条状或线状纹路,一极位于固定元件上,另一极位于活动元件上,从而构成可变电容,转子上蚀刻了正弦波纹路,并配置成一对接收器和发射器,在电机轴转动时,正弦波纹路产生特殊但可预测的信号。随后,该信号经由编码器的板载 ASIC 转换,进而计算电机轴的位置和旋转方向,最终确定电机轴的旋转角和速度。

图 4-13(a)、(b)、(c)分别为三种编码器码盘结构图。

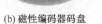

(a) 光学编码器码盘　　　　　　(b) 磁性编码器码盘　　　　　　(c) 电容式编码器码盘

图 4-13　编码器码盘比较

这里给定一个机器人,配备有两个能够前后移动的轮子,这两个轮子是平行安装的,并且相距机器人中心的距离是相等的。给每个电机配备一个旋转编码器,我们便可以通过两个电机的转速计算出机器人实际移动的距离与转向。

如果机器人进行直线运动,直接根据编码器计算出轮子旋转圈数,便可得出机器人移动距离。如果机器人进行转动,假设右边的轮子向前移动了一个单位,而左边的轮子保持静止,则左边的轮子可以看作旋转轴,右边的轮子便会沿顺时针方向移动一小段圆弧,如图 4-14 所示。因为单位移动距离的值通常都很小，可以粗略地将该段圆弧看作一条线段，所以右轮的起始点与最终位置点和左轮的位置点就构成一个三角形 A。同时，机器人中心的起始点与最终位置点，以及左轮的位置点，也构成了一个三角形 B。由于机器人中心到两轮子的距离相等，同时，两三角形共用以左轮位置点为顶点的角，故三角形 A 和 B 相似。在这种情况下，机器人中心位置的改变量为半个单位长度。机器人转过的角度可以用正弦定理求出，具体原理如下。

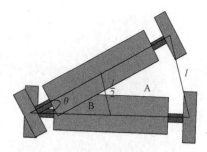

图 4-14 两轮机器人转动计算

假定差速驱动轮式移动机器人的重心广义坐标为 $q = \begin{bmatrix} x & y & \varphi \end{bmatrix}^{\mathrm{T}}$。对于具有固定采样间隔 Δt 的离散系统，广义坐标的增量为

$$\Delta x = \Delta l \cos(\varphi + \Delta \varphi / 2)$$
$$\Delta y = \Delta l \sin(\varphi + \Delta \varphi / 2)$$
$$\Delta \varphi = (\Delta l_{\mathrm{r}} - \Delta l_{\mathrm{l}}) / (2a)$$

(4-1)

式中，Δl 为移动距离的增量；a 为两轮距离的一半。

$$\Delta l = (\Delta l_{\mathrm{r}} + \Delta l_{\mathrm{l}}) / 2$$

(4-2)

其中，Δl_{r} 和 Δl_{l} 分别表示右轮和左轮的移动距离。

进一步更新后，当前位置的广义坐标为

$$q' = \begin{bmatrix} x \\ y \\ \varphi \end{bmatrix} + \begin{bmatrix} \Delta l \cos(\varphi + \Delta \varphi / 2) \\ \Delta l \sin(\varphi + \Delta \varphi / 2) \\ \Delta \varphi \end{bmatrix}$$

(4-3)

将式(4-2)代入式(4-3)得

$$q' = f(x, y, \varphi, \Delta l_{\mathrm{r}}, \Delta l_{\mathrm{l}}) = \begin{bmatrix} x \\ y \\ \varphi \end{bmatrix} + \begin{bmatrix} \dfrac{\Delta l_{\mathrm{r}} + \Delta l_{\mathrm{l}}}{2} \cos\left(\varphi + \dfrac{\Delta l_{\mathrm{r}} - \Delta l_{\mathrm{l}}}{4a} \right) \\ \dfrac{\Delta l_{\mathrm{r}} + \Delta l_{\mathrm{l}}}{2} \sin\left(\varphi + \dfrac{\Delta l_{\mathrm{r}} - \Delta l_{\mathrm{l}}}{4a} \right) \\ \dfrac{\Delta l_{\mathrm{r}} - \Delta l_{\mathrm{l}}}{2a} \end{bmatrix}$$

(4-4)

在 ROS 中，根据速度计算机器人里程计的代码如下：

```cpp
void robot::calcOdom()
    {
        ros::Time curr_time;
        curr_time=ros::Time::now();
        double k_=0.132*3.1415926/(20*1024);
        double dt=(curr_time-last_time_).toSec(); //间隔时间
        double d_l=v_l*k_;
        double d_r=v_r*k_;
```

```
        double x_liner=(d_l+d_r)/2;
        double delta_x=(x_liner*cos(th_));            //th_弧度制
        double delta_y=(x_liner*sin(th_));
        double delta_th=asin((d_r-d_l)/wide_rb);
        //里程计累加
        x_+=delta_x;
        y_+=delta_y;
        //实时角度信息，如果这里不使用 IMU，也可以通过这种方式计算得出
        th_+=delta_th;
        last_time_=curr_time;
        }
bool robot::deal(double RobotV, double RobotYawRate)
    {
        Left_v=(RobotV+RobotYawRate*wide_rb)/2;
        //将机器人角速度、线速度转化为左右轮控制速度
        Right_v=(RobotV-RobotYawRate*wide_rb)/2;
        ROS_INFO("Left_v:%f Right_v:%f\n",Left_v,Right_v);
        ROS_INFO("L_v:%f R_v:%f\n",v_l,v_r);
        //向 STM32 发送对机器人的预期左右轮控制速度，以及预留信号控制位
        writeSpeed(Left_v,Right_v,sensFlag_);
        //从 STM32 读取机器人实际左右轮速度、三轴加速度、四元数、z 轴角速度，以及预留
            信号控制位
        readSpeed(v_l,v_r,ax_,ay_,az_,thx_,thy_,thz_,magx_,magy_,magz_,
                receFlag_);
        //里程计计算
        calcOdom();
        //发布 TF 坐标变换和 Odom
        pubOdomAndTf();
    }
```

4.4　视觉定位技术

4.4.1　视觉里程计定位

　　视觉里程计与传统的里程计不同，不使用码盘等设备，而是利用单个或多个相机的输入信息(拍摄的相邻图像)来估计机器人的运动过程。由于类似于里程计的航迹推算，因此将这种基于图像信息的自运动估计方法称为视觉里程计定位技术。如图 4-15 所示，将一个相机(或多个相机)放置到一个移动的物体(如汽车或机器人)上，相机运动可获取到一些相邻图像，使用这个相机(或多个相机)的视频流可构造一个 6 自由度的轨迹，进而可构建视觉里程计，进行相机所在移动物体的位置估计。

　　视觉里程计的基本步骤包括特征提取、特征匹配、坐标变换和运动估计。视觉里程

计的主要方法分为特征点方法和直接方法。其中，目前占据主流位置的是特征点方法，它能够在噪声较大、相机运动速度较快时工作，但所构建的地图由稀疏特征点构成；而直接方法不需要提取特征点，能够建立稠密地图，但计算量大、鲁棒性较差。图 4-16 展示了基于特征点方法实现视觉里程计的基本流程。

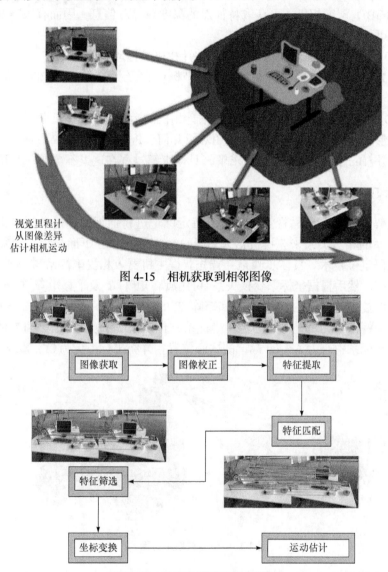

视觉里程计
从图像差异
估计相机运动

图 4-15　相机获取到相邻图像

图 4-16　视觉里程计的基本流程

当下比较常用的特征点方法有 SIFT、SURF、ORB 等，它们通常具有可重复性（可在不同图像里找到相同特征）、可区别性（不同特征有不同的表达）、高效率性（图像中特征点的数量远小于像素的数量）和本地性（特征仅与一小片区域相关）等特点，这些特征点保证了在图像发生一定改变后仍然能够被特征提取算法识别并提取出来。特征点由关键点和描述子组成：关键点指的是特征点在图像里的位置；描述子是描述关键点周围像素信息的向量。只要两个特征点的描述子在向量空间上的距离相近，我们就认为它们是同一个特征点，接下来便可计算出两幅图像中所有的相同特征点，即匹配点。在求出匹配点后，可得到两张一一对应的像素点集。然后，根据匹配好的像素点集进行相机运动的计算工作。根据相机类型的不同，像素点集有几种不同形式，单目相机只能获得两组匹配点集的像素坐标，双目和 RGBD 深度相机还可获取特征点的深度（距离）信息，因而有 2D-2D、3D-2D 和 3D-3D 三种形式。

(1) 2D-2D：通过两个图像的像素位置来估计相机的运动。

(2) 3D-2D：假设已知其中一组点的 3D 坐标，以及另一组点的 2D 坐标，求相机运动。

(3) 3D-3D：两组点的 3D 坐标均已知，估计相机的运动。

上述几种形式的估算方法可以分别使用对极几何、PnP 求解和 ICP 方法计算，也可以通过光束法平差（Bundle Adjustment）来求解，具体求解过程在这里不再一一展开。

4.4.2　视觉标记码定位

视觉标记码定位是指依靠视觉传感器对特定标记进行捕捉，通过计算相机坐标系与标记所在坐标系的相对关系来获得机器人（相机）位姿的技术。下面介绍一种基于 ArUco 码的视觉标记码定位技术。具体步骤是：首先获得主机器人相机坐标系与 ArUco 标记坐标系的相对关系，然后根据坐标系变换关系（可用旋转矩阵 R 及平移矩阵 T 表示）来获取机器人姿态。该技术的关键在于矩阵 R 和矩阵 T 的获取，计算过程涉及三个坐标系，分别为从机器人坐标系、相机坐标系与像素坐标系，位姿获取示意图如图 4-17 所示，其中假设从机器人坐标系中心为 ArUco 标记的中心位置，并将坐标系记为 (X_A, Y_A, Z_A)。

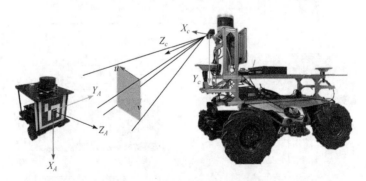

图 4-17　位姿获取示意图

在 ArUco 的检测中，可以得到目标 ArUco 标记的四个角点，这四个角点坐标是基于像素坐标系而言的，表示四个角点在像素坐标系下的 2D 位置。将 ArUco 标记置于从机器人后方，以 ArUco 标记中心作为从机器人坐标系的原点。由于所用标记是正方形，所以可根据边长尺寸得到四个角点的 3D 坐标，如图 4-18 所示。其中 F 是相机光心位置，p_i、q_i（i=1,2,3,4）分别是对应点的二维与三维坐标信息。通过 OpenCV 中的 solvePnP 算法，便可以得到旋转矩阵与平移矩阵。

由于相机坐标系与图像坐标系之间存在透视投影关系，便可得到以下转化关系：

$$
\begin{bmatrix} fX_c \\ fY_c \\ Z_c \end{bmatrix} = \begin{bmatrix} Z_c x \\ Z_c y \\ Z_c \end{bmatrix} = \begin{bmatrix} f\boldsymbol{R}_1^{\mathrm{T}} & fT_x \\ f\boldsymbol{R}_2^{\mathrm{T}} & fT_y \\ \boldsymbol{R}_3^{\mathrm{T}} & T_z \end{bmatrix} \begin{bmatrix} X_A \\ Y_A \\ Z_A \\ 1 \end{bmatrix} \tag{4-5}
$$

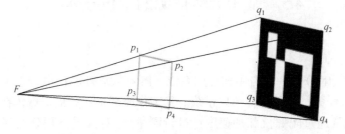

图 4-18　ArUco 位姿获取

式中，T_x、T_y 分别代表图像平面 X 和 Y 方向上的平移量；T_z 表示世界坐标系与相机坐标系的深度信息。将世界坐标系的原点作为 ArUco 中心，可认为深度信息是平移矩阵 $\boldsymbol{T}$ 中的 z 方向分量。实际使用过程中，由于 Z_w 的变化范围很小，所以可认为 $Z_w \approx T_z$。根据前述坐标关系可得

$$
\begin{bmatrix} \omega u \\ \omega v \\ \omega \end{bmatrix} = \begin{bmatrix} s\boldsymbol{R}_1^{\mathrm{T}} & sT_x \\ s\boldsymbol{R}_2^{\mathrm{T}} & sT_y \\ \boldsymbol{R}_3^{\mathrm{T}}/T_z & 1 \end{bmatrix} \begin{bmatrix} X_A \\ Y_A \\ Z_A \\ 1 \end{bmatrix} \tag{4-6}
$$

式中

$$
s = f / T_z, \quad \omega = Z_c / T_z \tag{4-7}
$$

对式 (4-6) 展开，可得

$$
\begin{bmatrix} \omega u \\ \omega v \\ \omega \end{bmatrix} = \begin{bmatrix} sR_{11} & sR_{12} & sR_{13} & sT_x \\ sR_{21} & sR_{22} & sR_{23} & sT_y \\ R_{31}/T_z & R_{32}/T_z & R_{33}/T_z & 1 \end{bmatrix} \begin{bmatrix} X_A \\ Y_A \\ Z_A \\ 1 \end{bmatrix} \tag{4-8}
$$

式中

$$
\begin{cases} \omega u = sR_{11}X_A + sR_{12}Y_A + sR_{13}Z_A + sT_x \\ \omega v = sR_{21}X_A + sR_{22}Y_A + sR_{23}Z_A + sT_y \\ \omega = R_{31}X_A/T_z + R_{32}Y_A/T_z + R_{33}Z_A/T_z + 1 \end{cases} \tag{4-9}
$$

根据式 (4-5)～式 (4-9) 以及标定得到的相机内参求解，可得旋转矩阵和平移矩阵。solvePnP 函数以 N 点投影法作为基本方法求解 2D 点与 3D 的转换关系，所得最终结果为旋转矩阵的形式，还需采用罗得里格斯旋转公式将其转换为旋转矩阵 $\boldsymbol{R}$。基于以上推导，

可以得到视觉标记的旋转矩阵与平移矩阵参数。因此，基于 ArUco 标记可以获取标记码相对于相机的位姿信息，只要事先知道标记码的位置，便可通过相对位姿信息解算出机器人在环境中的位姿信息。

4.5　基于天然信源的定位技术

4.5.1　惯性导航

惯性导航系统(INS)是一种自主式导航系统，既不依靠外部信息，也无须向外部辐射能量就可完成导航任务，以下简称惯导系统。其工作原理是：凭借对载体在惯性参考系中加速度的测量(通常通过陀螺仪和加速度计进行测量)，对其进行积分处理，通过坐标变换，求出载体在导航坐标系下的数值，从而求得载体在导航坐标系下的速度、位置和偏航角等信息。惯导也属于推算导航方式，根据测得的载体速度的航向角推算出下一时刻的载体位置，通过对全部时刻的测量即可求得每一时刻的载体位置。惯导系统的工作环境覆盖地面、空中和水下。

惯导系统至少需要包含有加速度计、陀螺仪等惯性测量单元和用于推理的计算单元两大部分。

1. 惯性测量单元

机器人常用的惯导系统是惯性测量单元(Inertial Measurement Unit，IMU)，它包含三个陀螺仪和三个加速度计，分别用于测量设备在三个坐标轴方向上的角速度和加速度。对输出的加速度信号积分可获得设备的速度和相对位置，对输出的角速度信号积分可获得设备的姿态。狭义上，一个 IMU 内通过在正交的三个坐标轴上安装陀螺仪和加速度计，共6自由度，来测量物体在三维空间中的角速度和加速度，这就是大家熟知的6轴 IMU；广义上，IMU 可在加速度计和陀螺仪的基础上加入磁力计，可形成如今已被大众知晓的9轴 IMU，可用于提升航向角的测量精度。IMU 广泛应用于定位是因为它不使用任何物理世界中的参考元素，不受环境的限制，可以全天候、自主、隐蔽地实现设备定位。然而，IMU 在工作过程中存在累积误差，小的测量误差会逐渐累积成大的误差，这是IMU 用于定位和导航时存在的固有问题。因此，IMU 常作为其他导航方式的补充，用以提高精度。

1)加速度计

加速度计的本质是检测力而非加速度，即加速度计的检测装置捕获的是引起加速度的惯性力，随后可利用牛顿第二定律获得加速度，即 $a = F/M$。加速度计用于测量系统的线加速度，但只能测量相对于系统运动方向的加速度，即向前、向后、向左、向右、向上或向下，而且不知道自身方向(相对于地面)。此外，通过对加速度进行解算，可以求得角速度，但由于精度不高，不具有很好的使用价值，故加速度计一般用来辅助陀螺仪进行角度解算。加速度计通常由质量块、阻尼器、弹性元件、敏感元件和适调电路等部分组成。根据传感器敏感元件的不同，常见的加速度传感器包括压电式、压阻式、电容式等。

(1)压电式。

压电式加速度传感器主要由质量块、压电元件和支座等组成，如图 4-19 所示，本质为弹簧质量系统。

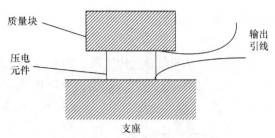

图 4-19　压电式加速度传感器

支座与待测物体刚性地固定在一起。当待测物体运动时，支座和待测物体以同一加速度运动，压电元件受到质量块与加速度相反方向的惯性力的作用，在晶体的两个表面上产生交变电压(电荷)。当振动频率远低于传感器的固有频率时，传感器的输出电荷(电压)与作用力成正比。电信号经前置放大器放大，即可由一般测量仪器测试出电荷(电压)大小，从而得出物体的加速度。输出电压大小与加速度的关系为

$$q = dF = dma \tag{4-10}$$

式中，q 为输出电荷；d 为压电常数；m 为质量块质量；a 为物体加速度。

(2)压阻式。

压阻式加速度传感器是利用单晶硅材料的压阻效应和集成电路技术制成的传感器。当单晶硅材料在受到力的作用后，电阻率发生变化，通过测量电路就可得到正比于力变化的电信号输出。压阻式加速度传感器的弹性元件一般采用硅梁外加质量块的悬臂梁结构，主要有单悬臂梁结构和双端固支悬臂梁结构，其结构动态模型仍然是弹簧质量系统。

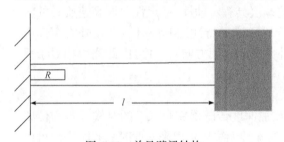

图 4-20　单悬臂梁结构

图 4-20 所示为单悬臂梁结构，一端为自由端，固定有质量块，用来敏感加速度；另一端为固定端，并通过扩散工艺在悬臂梁根部制作一个压敏电阻。悬臂梁根部所受到的应力为

$$\sigma = \frac{6ml}{bh^2}a \tag{4-11}$$

式中，l 为悬臂梁到质量块根部的距离；m 为质量块质量；b 为悬臂梁宽度；h 为悬臂梁厚度；a 为物体加速度。

电阻的变化率为

$$\frac{\Delta R}{R} = \pi \frac{6mla}{bh^2} \tag{4-12}$$

式中，π 为压阻系数。压阻式加速度传感器的质量块在加速度的惯性力作用下发生位移，使固定在悬臂梁上的压敏电阻发生形变，电阻率发生变化，压敏电阻的电阻值也相应变化。通过测试电阻值的变化量，可以得到加速度的大小。

(3)电容式。

电容式加速度传感器是一种基于电容原理的极距变化型的电容传感器，其中一个电极是固定的，另一个电极弹性膜片是变化的。弹性膜片在外力(气压、液压等)作用下发生位移，使电容量发生变化。这种传感器可以测量气流(或液流)的振动速度(或加速度)，还

可以进一步测出压力。

2)陀螺仪

陀螺仪，又叫角速度传感器，如图 4-21 所示，是一种角运动检测装置，它利用了高速回转体的动量矩敏感壳体在不停自转的同时，会绕着另一个或两个固定的转轴不停旋转的原理。陀螺仪按照工作用途分为传感陀螺仪和指示陀螺仪。传感陀螺仪广泛应用在对飞行体等进行运动控制的系统中，具体有水平、俯仰、垂直、航向和角速度传感器；指示陀螺仪通常用于指示飞行状态，如领航仪。根据结构，陀螺仪一般可分成机械陀螺仪、光学陀螺仪和微机械陀螺仪。机械陀螺仪利用高速转子的转轴稳定性

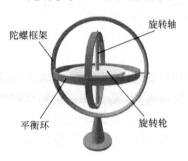

图 4-21　陀螺仪

来测量物体正确方位，例如，液浮陀螺仪、动力调谐陀螺仪和静电陀螺仪均为机械(刚体转子)陀螺仪；激光陀螺仪和光纤陀螺仪等属于光学陀螺仪。微机械陀螺仪多指的是其制造的工艺微型化，大部分陀螺仪都可以做成微机械陀螺仪。

陀螺仪的基本工作原理是：一个旋转物体的旋转轴所指的方向在不受外力影响时是不会改变的。人们根据这个原理，制造出来的可以保持一定方向的仪器就叫作陀螺仪。陀螺仪在工作时需要外加一个力，使它快速旋转起来，一般要达到每分钟几十万转，可以工作很长时间。基于牛顿力学原理推导可知，陀螺仪具有定轴性(稳定性，即高速旋转的转子具有保持其旋转轴在惯性空间内的方向稳定性不变的特性)和进动性(即在外力矩作用下，旋转的转子使其旋转轴沿最短路径趋向外力矩的作用方向)，并可由此测得相对于惯性空间的角速度。

3)磁力计

磁力计/地磁场传感器，又称电子罗盘。在加速度传感器完全水平的时候，重力传感器无法分辨出在水平面旋转的角度，即绕 z 轴的旋转无法显示出来，此时只有陀螺仪可以检测。陀螺仪虽然动态响应迅速，但由于其工作原理是积分，所以会产生静态累积误差，表现为角度会一直增加或者一直减少。于是，需要一个在水平位置能确认朝向的传感器，这就是 IMU 必备的第三个传感器：磁力计。通过这 3 个传感器的相互校正，理论上就可以获得比较准确的姿态参数了。

4)气压计

在惯导系统中有时通过使用气压计增强 z 轴测算精度。气压计是用于检测大气压强的仪器，实际应用中气压计也可用作高度计。

2. 计算单元

计算单元主要由姿态解算单元、加速度积分单元和误差补偿单元三部分组成，如图 4-22 所示。其中姿态解算单元负责将测量得到的惯性数据由载体自身的坐标系转换到地球坐标系；加速度积分单元负责在系统所提供的初始位置及速度的基础上，对运动传感器的信息进行整合计算，不断更新当前位置及速度；误差补偿单元负责修正积分单元的输

出，提高定位和姿态精度。

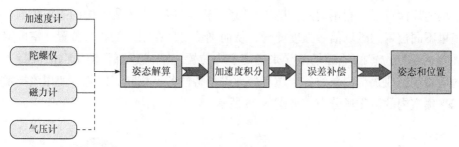

图 4-22　计算单元流程图

市场上有很多惯性测量传感器，这里介绍两款惯性测量传感器，分别是深圳市瑞芬科技有限公司基于 MEMS 所开发的陀螺仪 TL740D 与国产惯性测量模组 GY85。

TL740D 实物图如图 4-23（a）所示，该陀螺仪内集成惯性导航算法，可以对姿态角的多模型进行计算，可最大程度解决陀螺仪的短时漂移问题。TL740D 采用 RS232/RS485 输出，可以输出姿态角、三轴加速度以及三轴陀螺仪转速，其方位角精度为 0.1°/m，最大角速度大于等于 150°/s，位置精度与加速度精度高。同时，该陀螺仪工作寿命长，工作温度范围大，抗振动与耐冲击能力强，可以适用于室内室外多种环境。

GY85 是国内一款常用的消费级惯性测量传感器，尺寸为 117mm×21mm，包括三轴加速度计、三轴陀螺仪以及三轴电子罗盘微控制器用于输出对应信息。在使用中，GY85 可直接与底层运动控制器进行配合，内部支持加速度计与陀螺仪传感器的数据融合，常用于轮式机器人以及无人机的速度及位姿补偿，实物图如图 4-23（b）所示。

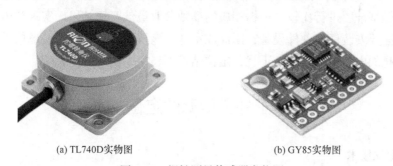

(a) TL740D实物图　　　(b) GY85实物图

图 4-23　惯性测量传感器实物图

4.5.2　地磁定位

地球本身是一个巨大的磁体，如图 4-24 所示，在地理南北两极之间形成一个基本的磁场。地球磁场作为地球的固有资源，可作为天然坐标系广泛应用于航空、航天、航海，具体可用于航天器、海洋船体等进行定向定位与姿态控制。基于地磁场的磁定位导航技术方便高效、可靠且抗干扰，已经成为基本导航定位手段之一，波音飞机就配备有磁导航定位系统。

地球磁场会受到金属物的干扰，特别是穿过钢筋混凝土结构建筑物时，原有磁场被建筑物内金属物质干扰扭曲，使得建筑物内形成一个独特的有规律的室内磁场。而且建筑物内金属结构不发生结构性变化时，室内磁场也固定不变。室内定位技术正是通过采集这种室内磁场的规律特征，利用地磁传感器(普通手机均具备)去收集室内的磁场数据，辨认室内环境里不同位置的磁场信号强度差异，从而确认自己在空间的相对位置。室内定位技术是利用室内不同位置的地磁场差异来确定室内位置。现代建筑常使用钢筋混凝土等结构，会对地磁场造成扰动，导致各个位置的地磁场特性各不相同。因此，使用该技术前，需要人工采集室内的地磁场分布，如图 4-25 所示。

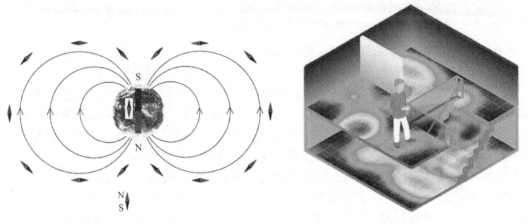

图 4-24　地球磁场分布　　　　　　　　图 4-25　室内地磁场分布

地磁定位是行进中的载体实时采集地磁场的特征信息，并将实时采集的地磁数据与已经存储的地磁基准图进行比较，根据相应的准则获取最佳匹配结果，实现载体的自主定位。该技术不需要安装任何硬件设备，因此成本低。该技术的缺点在于磁场信号容易受到环境中不断变化的电、磁场信号源干扰，定位结果不稳定，精度会受影响。

4.6　基于外置信源的定位技术

4.6.1　GPS 定位技术

全球定位系统(Global Positioning System，GPS)是一种以人造地球卫星为基础的高精度无线电导航的定位系统，它在全球室外任何地方都能够提供准确的地理位置、车行速度及精确的时间信息。GPS 卫星系统的组成如图 4-26 所示。

GPS 具备在室外无遮蔽场所下进行全方位实时定位与导航的能力，因此 GPS 在室外定位中扮演着极其重要的角色。GPS 是一个庞大而复杂的系统，由空间部分、地面监控部分和用户设备部分组成。

空间部分由多个测量卫星组成，用于向全球的用户设备发送测距和导航信息，同时接收地面站的信息和控制命令以保证系统能够长时间稳定运作。

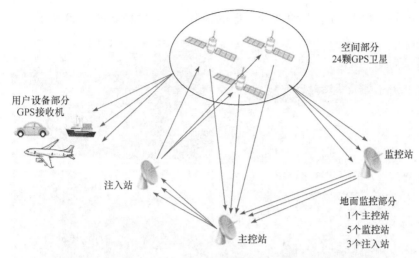

图 4-26　GPS 卫星系统的组成

　　地面监控部分主要由卫星监控站、主控站和注入站等组成，其任务是实时监控空中的 GPS 卫星，获取卫星运行过程中的实时状态数据，同时在需要的时候向卫星发送控制命令，调整卫星的姿态，修正卫星的状态数据。地面监控部分如图 4-27 所示。

图 4-27　地面监控部分

　　各种 GPS 信号接收终端(图 4-28)构成了用户设备部分，它们的任务是从 GPS 卫星接收测距信息和相关电文信号，同时求解出自己的三维坐标、速度等运动状态信息。

　　当前借助于 GPS 的定位方式主要包括以下三种：伪距单点定位、载波相位定位和实时差分定位。

1) 伪距单点定位

伪距单点定位方式是基于测距来实现的，即先通过 GPS 信号接收终端获取多个 GPS 卫星到接收终端的距离，然后通过最小二乘法获取到终端在三维空间下的具体经纬度。由于这种测距会受到云层和时钟误差的影响，测距精度较低，因此该距离也称为伪距，该定位方式往往用于定位精度要求一般的场合。其示意图如图 4-29 所示。

图 4-28　用户设备部分

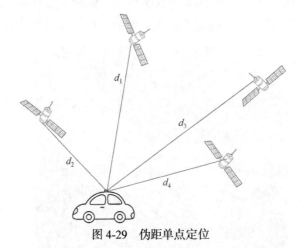

图 4-29　伪距单点定位

2) 载波相位定位

载波相位定位是指 GPS 终端通过接收卫星发出的电文获取卫星的载波相位信息，对比自身接收到卫星的载波相位信息，通过运算获取定位值。该方式常用于对定位精度要求较高的场合。

3) 实时差分定位

实时差分定位方式包括位置差分、伪距差分和载波相位差分三种，其共同点是利用一个基站和一个移动站获取差分信息，以提高测量精度；而其区别就在于测距方式不同。其中，载波相位差分(RTK)的定位精度最高，可以达到厘米级。

如图 4-30 所示，上述几种实时差分定位方式均由三个部分组成：共视卫星、基站、移动站。其中，基站是用于消除误差而存在的，在使用过程中不可移动；移动站则放置于待定位的物体上，它使用基站发送来的差分数据进行精准定位。在载波相位差分定位中，基站将其获得的卫星在其自身位置的载波观测和位置信息发送给移动站，移动站再利用自身获取的卫星载波观测和卫星报文信息中的载波信息综合运算获取自身准确位置信息，可以获得厘米级精度。

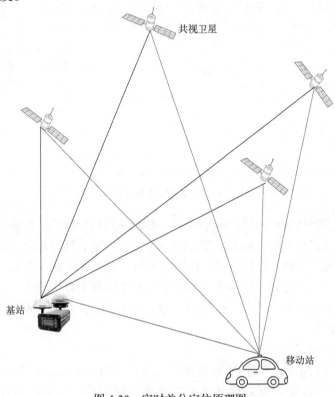

图 4-30　实时差分定位原理图

4.6.2　UWB 定位技术

超宽带（Ultra Wide Band，UWB）无线通信技术是一种无载波通信技术。UWB 不使用载波，而是使用短的能量脉冲序列，并通过正交频分调制或直接排序将脉冲扩展到一个频率范围内。UWB 具备的传输速率高、空间容量大、成本低、信号穿透能力强、功耗低等特点，使 UWB 定位技术在室内具备 10cm 级的定位精度。

UWB 定位是通过距离解算完成的，首先在环境中安放大于或等于四个 UWB 基站，然后通过四边测距的方式进行定位。如图 4-31 所示，在环境中安放四个已知位置的基站，四个基站位置分别为 (x_0,y_0)、(x_1,y_1)、(x_2,y_2)、(x_3,y_3)，待测物体的坐标为 (x_{robot}, y_{robot})，通过 UWB 信号测得四个基站到机器人的距离，可以唯一确定出机器人的坐标，因此在 UWB 定位技术中，测距是定位的关键。基于 UWB 的测距法有基于接收信号强度（Receive Signal Strength，RSS）的测距法、基于信号到达时间（Time of Arrival，TOA）的测距法、基于接收信号时间差（Time Difference of Arrival，TDOA）的测距法、双边双向（Double-sided Two-way Ranging，DS-TWR）测距法。

1）基于接收信号强度的测距法

基于接收信号强度（RSS）的测距法是在已知发射信号功率和信道模型的基础上，先通

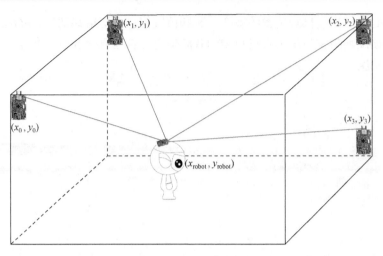

图 4-31　UWB 定位原理图

过检测设备获取待测物体所处区域的信号强度，然后利用信号强度在传输过程中随距离变化的衰减规律，建立起信号强度随距离变化的通用公式，最后利用此公式估算出检测设备与信号发射设备之间的距离，实现定位。但阴影效应、非视距干扰、电磁干扰、多路径衰减都会改变原有信号强度分布，同其他几种基于 UWB 的测距方法相比，电磁干扰在这种测距方法下的影响要比其他方法大。这种测距方法并不能完全发挥 UWB 信号本身所具有的高穿透传输带宽的特点。

2）基于信号到达时间的测距法

基于信号到达时间的测距法是通过测量出信号在基站与标签之间的信号传输时间，乘以信号传播的速度，进而获取两者之间的直线距离。其测距流程如图 4-32 所

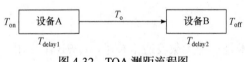

图 4-32　TOA 测距流程图

示：从一个设备准备发送信号到信号从设备发出，有一个延迟时间 T_{delay1}，从设备开始接收到信号到设备开始读取信号也存在一个延迟时间 T_{delay2}。假设定位标签和基站的时钟完全同步，则标签在 T_{on} 时刻向标签发送一个数据包，并将数据包发送时间 T_{on} 和天线发送延迟时间 T_{delay1}（即从数据包准备完毕到数据包从基站天线发出的延迟时间）嵌入数据包中。数据包经大小为 T_{delay2} 的天线接收延迟时间后，在 T_{off} 时刻由标签接收到，标签将 T_{off} 和 T_{delay2} 嵌入数据包中。标签读取出 T_{on}、T_{delay1}、T_{delay2}、T_{off}，并解算出标签与基站的直线距离。数据包的信号传输时间 $T_{\text{o}}=T_{\text{off}}-T_{\text{on}}-(T_{\text{delay1}}+T_{\text{delay2}})$，则标签到基站的直线距离等于电磁波传播速度乘以数据包飞行时间，即 $d=T_{\text{o}}c$（c 为光在空气中的传播速度）。

TOA 测距的前提是标签和基站在时钟上能够做到完全同步或误差极小。然而要想做到基站与标签的时钟完全同步，几乎不可能实现，即使是让它们保持一个近似的同步也很困难。但只要两者时钟存在一个微小的差异，再乘以电磁波传播速度，都会形成较大的测距误差，故此种测距方法并不实用。

3) 基于接收信号时间差的测距法

在实际设备工作中，两设备要实现时钟完全同步是不可能做到的，即使想要保持两者之间时钟误差相对较小也需要付出很大的代价，增加了研发难度和硬件成本。因此可以利用收发器之间的信号往返时间来估计距离，以此来降低时钟不同步带来的误差，这种方法就叫作 TDOA 测距法。如图 4-33 所示，发起模块向另一个响应模块发送测距请求，当响应模块经过一段天线延迟时间接收到测距请求的信号时，便会通过发送一个测距响应来确定收到请求，并在信号中嵌入延迟时间，发起模块根据收到的信号来计算传播的时间。基站与标签之间的距离为

$$S = \frac{1}{2}(T_{\text{round}} - T_{\text{relay}})v \tag{4-13}$$

式中，T_{round} 为设备 A 从发送信号到接收设备 B 信号整个过程的总时间，T_{reply} 为设备 B 信号接收后的发送延迟时间；v 为电磁波在空气中的传播速度。

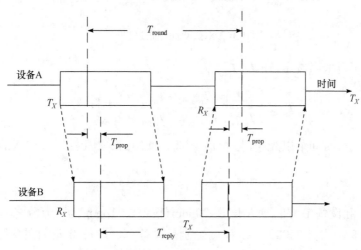

图 4-33　TDOA 测距流程图

由于设备 A 和设备 B 使用各自独立的时钟源，时钟会有一定的偏差，会直接影响到测量精度，因为光速是 $2.99792458 \times 10^8 \text{m/s}$，所以很小的时钟偏差也会对测量结果造成很大影响，而且这种影响是 TDOA 测距法无法避免的。因此 TDOA 测距法很少采用。

4) TDOA+TOA 测距法

TDOA+TOA 测距法是在 TDOA 测距的基础上再增加一次 TOA 测距，两次通信的时间可以互相弥补由时钟偏移引入的误差，这种方法又称为双边双向测距法。

如图 4-34 所示，完成一次双边双向测距需要 6 个步骤。

(1) 设备 A 发送轮询数据块，记下发送时间 T_1，在一段时间后打开 R_X。

(2) 设备 B 要提前打开接收，然后记录收到轮询数据块的时间为 T_2。

(3) 经过一段发送延迟时间 T_{reply1}，设备 B 在 T_3（$T_3 = T_2 + T_{\text{reply1}}$）时刻发送响应数据块，发送完之后打开 R_X。

(4) 设备 A 收到响应数据块，此时记录时间为 T_4。

(5)经过一段发送延迟时间 T_{reply2}，设备 A 在 T_5 $(T_5=T_4+T_{\text{reply2}})$ 时刻发送最终轮询数据块。

(6)设备 B 收到最终轮询数据块，记录此时的时间为 T_6。

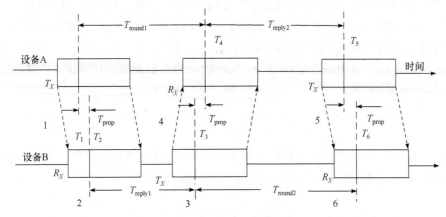

图 4-34　双边双向测距过程

由上述过程可得电磁波飞行时间 $\hat{T}_{\text{prop}}$ 为

$$\hat{T}_{\text{prop}} = \frac{T_{\text{round1}} \times T_{\text{round2}} - T_{\text{reply1}} \times T_{\text{reply2}}}{T_{\text{round1}} + T_{\text{round2}} - T_{\text{reply1}} + T_{\text{reply2}}} \tag{4-14}$$

再用电磁波飞行时间乘以光速得到测距距离，使用 DS 测距法时钟引入的误差为

$$\text{Error} = \hat{T}_{\text{prop}} \times \left(1 - \frac{k_a + k_b}{2}\right) \tag{4-15}$$

假定设备 A 和设备 B 的时钟精度是 20ppm（很差），1ppm 为百万分之一，那么 k_A 和 k_B 分别是 0.99998 或者 1.00002，k_A 和 k_B 分别是设备 A、设备 B 时钟的实际频率和预期频率的比值。设备 A、设备 B 相距 100m，电磁波的飞行时间是 333ns。由此可以计算由时钟引入的误差为 $20 \times 333 \times 10^{-9}$s，导致测距误差为 2.2mm，可以忽略不计。因此双边双向测距法是最常采用的测距方法。

有了基于 UWB 的高精度测距方法，可以在室内环境下安装四个以上的 UWB 固定信号发射、接收基站，在待定位物体上安装一个 UWB 信号发射接收装置作为待定位标签，通过双边双向测距法获取移动标签到四个已知位置点基站的位置（注意这四个观测基站不能共面），这样便可以依据四边距离和已知基站的位置推导出待定位物体的位置了。

4.6.3　Wi-Fi 定位技术

目前，Wi-Fi 是相对成熟且应用较多的技术，Wi-Fi 基站广泛分布于车站、商场、医院，以及办公、居住场所。开发基于 Wi-Fi 的室内定位解决方案对室内环境的改造程度、改造成本最低，这些因素让 Wi-Fi 定位技术得以发展，也让不少公司将目光投向了这个领域。Wi-Fi 基站如图 4-35 所示。

当前 Wi-Fi 室内定位方法主要分为两种：一种是基于测距的定位方法，它依靠 Wi-Fi 信号在传播过程中信号强度的衰减程度与传播距离的关系来确定 Wi-Fi 基站与 Wi-Fi 信号接收器之间的距离关系；另一种是基于非测距的定位方法，以位置指纹法最为典

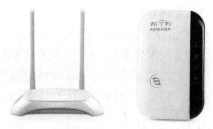

图 4-35　Wi-Fi 基站

型，其原理是先建立整个 Wi-Fi 室内定位环境的 Wi-Fi 信号强度数据库(即大范围采样环境中多个典型区域的 Wi-Fi 信号强度，要求采样的点覆盖范围全、尽可能密集，建立类似于指纹库的环境 Wi-Fi 信号强度数据库)，当移动设备读取到环境中的信号强度后，可以与 Wi-Fi 信号强度数据库的数据做对比，就可估计出待定位物体在环境中的位置。

但是 Wi-Fi 信号的穿透能力较弱，存在多路径衰减现象，使得基于测距的定位方法定位误差较大。基于位置指纹定位算法的 Wi-Fi 定位较为常见，其相关算法也比较多，本节将重点进行介绍。常用的位置指纹定位算法有最近邻算法、K 近邻算法、加权 K 近邻算法等，其中在加权 K 近邻算法的基础上开发了基于加权欧氏距离的 K 近邻算法、自适应加权 K 近邻算法等一系列定位算法，下面介绍三种基本的 Wi-Fi 位置指纹定位算法。

1) 最近邻算法

最近邻算法的核心思想是：以离线采集到的 Wi-Fi 信号强度数据库的样本点为观测样本点，判定待测样本的类别，计算待测样本与观测样本的距离，找出距离待测点最近的指纹库观测样本点，以最近的观测样本点坐标作为待测点的坐标。

具体做法为：遍历已经建立好的环境 Wi-Fi 信号强度数据库，找到指纹库中与终端采集到的信号强度向量欧氏距离最近的样本点，以该点的位置作为待定位物体的最终定位值。如图 4-36 所示，待定位物体找到与其自身所处区域信号强度最相似的最近邻样本点后，便以该样本点的位置作为自身的位置，定位成功。

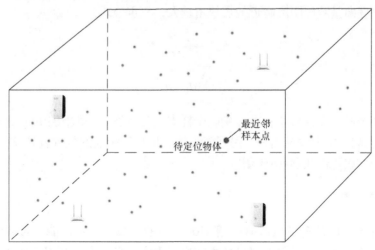

图 4-36　最近邻算法定位

2) K 近邻算法

K 近邻 (K-Nearest Neighborhood，KNN) 算法是最近邻算法的改进。它的思想是找到 Wi-Fi 信号强度数据库中离终端采集到的信号强度向量欧氏距离最近的 $K(K \geqslant 2)$ 个样本点，以它们的均值作为终端最终的定位值。如图 4-37 所示，基于 K 近邻算法找出最近的 K 个点后，将每一个样本坐标点数据加起来除以样本点数 K 即为待测点位置。

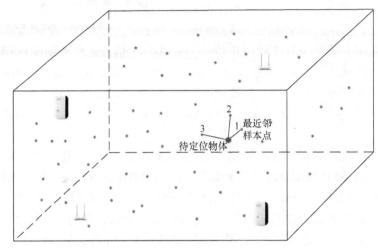

图 4-37　$K=3$ 时 K 近邻算法搜索结果

K 近邻算法，一方面解决了个别数据库测量噪声点对定位的影响，另一方面通过这种方式可避免单个样本点对定位造成较大影响，避免陷入局部最优。

3) 加权 K 近邻算法

加权 K 近邻算法是最近邻算法上的进一步改进。其思想是在 K 近邻算法提取出的 K 个样本点中，按照每个样本点对待定位终端的影响大小对 K 个样本点的权重做一个修改、评分，对每个样本点的信息进行加权，给对待定位终端影响较大的点附加较大的权重。不难理解，与终端信号强度向量特征越接近的点对其定位的影响越大，因此按照样本点与终端信号强度向量欧氏距离越近的点权重越大，权重公式为

$$\alpha_i = \frac{\dfrac{1}{d_i + \delta}}{\displaystyle\sum_{i=1}^{K} d_i + \delta} \tag{4-16}$$

式中，α_i 是第 i 个样本点的权重；d_i 是第 i 个样本点与待测点的欧氏距离；δ 是一个小正数，防止欧氏距离为 0 的情况出现，可任意设置。最终待测点的位置就是 K 个最近邻点的位置加权平均，权重由式 (4-16) 给出。

4.6.4　蓝牙定位技术

蓝牙是一种支持设备短距离通信 (一般 10m 内) 的无线电技术，能在移动电话、无线耳机、笔记本电脑、相关外设等众多设备之间进行无线信息交换。利用蓝牙技术，能够有

效地简化移动通信终端设备之间的通信，也能够简化设备与 Internet 之间的通信，从而使得数据传输变得更加迅速高效，为无线通信拓宽道路。基于蓝牙的这些特点，出现了蓝牙定位技术。基于蓝牙的室内定位系统主要用到两种硬件设备，一种是具有蓝牙功能的设备，另一种是移动终端设备。移动终端设备包括手机、笔记本电脑等。下面介绍一款具有蓝牙功能的设备。

2013 年在苹果公司 WWDC（Worldwide Developers Conference）的发布会上，介绍 iOS 系统的宣传图上有 iBeacon 字样，虽然没有着重介绍 iBeacon 技术，但是以当时苹果的影响力，在后来的几年里，美国的多家商场以 iBeacon 技术为基础，为顾客提供定位和商品优惠信息等服务。iBeacon 是一项低耗能蓝牙技术，工作原理类似普通的蓝牙技术，由 iBeacon 发射信号，iOS 设备定位接收、反馈信号。根据这项简单的定位技术可以做出许多的相应技术应用，其低功耗、低成本的优势吸引了学者和工程师的眼球，国内也出现不少用 iBeacon 技术为医疗、景区、博物馆、厂区、老人院服务的公司。iBeacon 的外观如图 4-38 所示，iBeacon 的外观设计精美，内部有一个硬币大小的电池。iBeacon 放到任意位置都不会对其他设备产生影响，一般情况是把 iBeacon 设备粘到墙上，只需一个纽扣电池就可以运转起来，其使用时间至少 2 年。

图 4-38　iBeacon 设备

利用蓝牙实现室内的定位常采用基于 RSSI（Received Signal Strength Indication，接收的信号强度指示）的定位方法，如图 4-39 所示。当待定位的节点可以接收到大于等于 3 个基站的信号强度时，就可以利用最小二乘法获取待定位节点在空间当中唯一的三维坐标值。设 $AP_i(i=1,2,\cdots,n)$ 为周围已知节点，它们的坐标为 (x_i,y_i)，待定位节点 $P(x_o,y_o)$ 在接收到周边多个 AP_i 基站发出的信号强度后，可依据信号的强度与其距离的衰减关系获得每个 AP_i 与待定位节点的距离 l_i。

蓝牙作为一种通信传输技术已经广泛地应用在各种移动、固定设备当中，推广简单，成本低廉，但其信号

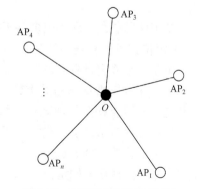

图 4-39　基于 RSSI 的定位方法

易受干扰，且多路径衰减问题严重，使其定位精度较低，影响其大面积推广。

4.6.5　蜂窝移动网络定位技术

　　随着通信技术的应用与发展，蜂窝移动通信系统也迅猛发展。蜂窝可以理解为蜜蜂的蜂巢，如图 4-40(a)所示，我们会发现蜂巢的内部是由许多个完美的正六边形组成的。这些正六边形无缝衔接起来，组成了一张大网，并且还会随着蜂群的壮大而不断地扩张。其结构已用到通信技术中，我们之所以能够接听电话是因为所在的区域恰好有基站覆盖，但是单个基站的覆盖范围很有限，如果让每一个基站的信号覆盖范围都是正六边形的，多个基站联合起来，便可以实现大面积的无缝覆盖。

　　如图 4-40(b)所示，多个基站整齐地排布在一起，每一个正六边形的蜂房就叫一个Cell(可以翻译为小区)，多个这样的 Cell 组成的系统就叫作 Cellular Network(蜂窝网络)。但是要使用信号的手机是在不断移动的，那么如何保证手机一直都处于有信号的状态呢？手机在开机时，会不断地检测哪个基站的信号强，通过排序挑选出最优的服务小区。选定后，手机就会驻扎在该小区里，同时手机也显示出信号标识，可以明显看到信号的强度。这个过程就叫作小区选择。由于手机是不断移动的，所以它不可能只处在一个小区中，必须时刻扫描相邻小区的信号强度，一旦发现更优的小区，便会放弃原小区，选择新的小区。这个过程就叫作小区重选。

(a) 实际蜂窝图

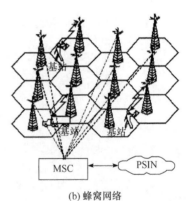

(b) 蜂窝网络

图 4-40　蜂窝图与蜂窝网络

　　基于该思想，发展了很多基于蜂窝的技术，其中一种就是蜂窝移动网络定位技术——COO 定位技术。它是一种基于单个固定基站的定位技术，通过搜索终端设备离自身最近的固定基站来确定自身的位置，即以最近的蜂窝数据基站位置作为自身位置。因此该定位技术取决于蜂窝数据基站的密度，在市中心基站密集的地区定位精度能达到 50m 以内，在其他基站分布松散的地区定位精度可能低至几千米。目前在 Google(谷歌)地图移动版中，通过蜂窝基站确定"我的位置"，用的就是这种技术。

　　除了上述的 COO 定位技术，还有基于到达时间的定位技术、基于到达角度的定位技术以及基于到达场强的定位技术等，感兴趣的读者可以进行深入的探索。

4.6.6 超声波定位技术

声波是指物体振动引起周围质点在弹性介质中向各个方向进行的传播。它本质上是一种机械波,可以在固体、液体、气体中进行良好的传播,而在真空中不能传播。

人耳能够听到的声波频率为 20Hz~20kHz,频率高于 20kHz 的声波称为超声波,因为超声波的频率超出了人耳能听到的最高声波频率,所以人类是无法听到超声波的。此外,由于超声波的频率高,所以它的穿透性强、能量集中、束射性强、定向性好、有较好的反射特性,利用这些特性,人们将超声波应用到了生产生活中。例如,可以用超声波测速、测距、去结石、成像等。

超声波传感器(又称超声波换能器)是一种可以接收超声波信号并将该信号转化成电信号的传感器,外观如图 4-41 所示。超声波传感器内部有两个压电晶片和一个共振板,当两极外加脉冲信号的频率等于压电晶片的固有振荡频率时,压电晶片发生共振,带动共振板振动,从而产生超声波;同理,当共振板接收到超声波时,将压迫压电晶片产生振动,将机械能转换为电信号。

图 4-41 超声波传感器

超声波定位系统主要依据超声波测距方法测得的结果来确定物体的位置,超声波测距有反射式测距与对射式测距两种。

反射式测距指在特定位置安装超声波发射与接收装置。其原理如图 4-42 所示,控制器控制超声波的发射并开始计时,当超声波在碰到障碍物后反射回来时,接收装置接收到反射回来的超声波后控制器结束计时。通过计算超声波传递的时间,结合超声波的传播速度分析,可知目标与测距装置的距离。

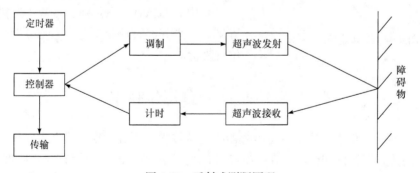

图 4-42 反射式测距原理

虽然反射式测距简单方便,但是无法识别测量的物体是否是待测物体。而对射式测距就较好地解决了这个问题。其原理如图 4-43 所示,对射式测距装置分为发射端与接收端,它们并不在同一模块安装,控制器控制发射端发射超声波,并同时发射无线射频信号。接收端在接收到无线射频信号后开始计时,在接收到超声波后结束计时,结合超声波

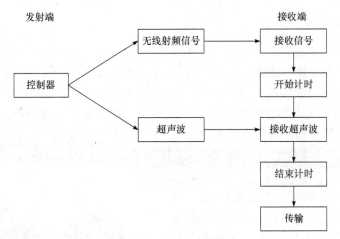

图 4-43　对射式测距原理

的传播速度可以分析得出发射端与接收端的距离。对射式测距测的是装置之间的距离，很

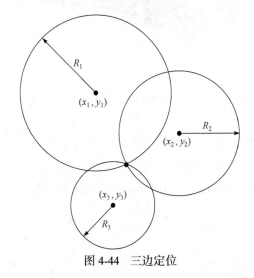

图 4-44　三边定位

好地识别了待测物体。该方案可以设置一个发射端，多个接收端，这样可以一次测量多个距离，对系统的节点个数与分布适应性很强。

超声波定位技术可以采用三边定位法理论，如图 4-44 所示，以测得距离 R_i 为半径，做三个球面，球面交点即为定位点，交点计算公式：

$$\begin{cases}(x_1-x_p)^2+(y_1-y_p)^2=S_1^2\\(x_2-x_p)^2+(y_2-y_p)^2=S_2^2\\(x_3-x_p)^2+(y_3-y_p)^2=S_3^2\end{cases} \quad (4\text{-}17)$$

其中，(x_1,y_1)、(x_2,y_2)、(x_3,y_3) 为接收器位置坐标，事先经过测量标定；(x_p,y_p) 即为发射器位置坐标。

4.7　多传感器融合定位技术

根据 4.2～4.6 节介绍的基于不同传感器的定位技术，不难发现，机器人定位效果依赖于具体使用的传感器特性和性能。在一些特殊的场景下，由于受到传感器特性的限制、观测误差、外界环境等因素的影响，单传感器定位技术可能会出现无法正常工作、定位精度差或者不能满足要求等问题。例如，基于轮式里程计的定位技术在车轮打滑时会有较大的误差；当机器人在长走廊等相似度很高的环境中行走时，基于单个 2D 激光雷达的定位技术将无法准确定位；基于单个相机的视觉定位技术在机器人进行快速运动或者环境的纹理信息不明显时无法进行准确、稳定的位姿估计，等等。

多传感器融合定位技术应运而生，它通过融合机器人所配备的不同位置的同类或异类传感器的数据，将传感器间存在的冗余或矛盾的数据进行互补或消除，降低不确定性，从而形成对机器人位姿稳定、精确的估计，具有单传感器定位技术不可比拟的优势。多传感器信息融合依赖于滤波器工作，融合的前提是各传感器量测位于同一坐标系下，这就涉及坐标变换。因此，本节将先介绍机器人坐标变换和卡尔曼 (Kalman) 滤波器的基本知识，然后介绍多传感器融合定位的原理及其实现。

4.7.1　位姿描述与坐标变换

在机器人的相关学科中，不同坐标系之间进行坐标变换是必不可少的。以最简单的移动机器人为例，考虑到传感器安装位置的不同，且每个传感器的测量结果都基于自身坐标系，通常配置多种传感器 (激光传感器、视觉传感器等)，如图 4-45 所示。对于进行多传感器的信息融合，需要将各测量信息通过坐标变换转化到机器人的基坐标系下才能进行。因此对于机器人的位姿进行描述，介绍坐标之间的变换关系很重要。

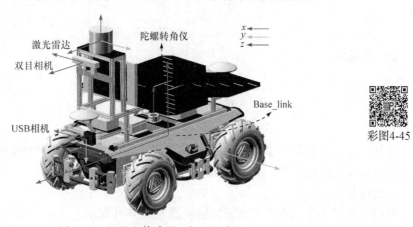

彩图4-45

图 4-45　机器人传感器坐标系示意图

1. 机器人位姿描述

机器人坐标系的位置和方位总称为位姿。为了描述机器人在空间中的位姿，通常将机器人与某一坐标系{Base_link}(简写为{B})固连。相对参考系{A}，由位置矢量 $^A\boldsymbol{p}_B$ 和旋转矢量 $^A_B\boldsymbol{R}$ 分别描述坐标系的原点位置和坐标轴的方位。因此，机器人的位姿可由坐标系{B}来描述，即

$$\{B\} = \{^A_B\boldsymbol{R} \quad ^A\boldsymbol{p}_B\} \tag{4-18}$$

表示位置时，式 (4-18) 中的旋转矢量 $^A_B\boldsymbol{R} = \boldsymbol{I}$（单位矩阵）；表示方位时，位置矢量 $^A\boldsymbol{p}_B = 0$。

在机器人系统中，要想机器人到达指定的位置，需要为机器人发布一定的速度命令，通过 ROS 环境下的 TF 工具，可以获得当前运动坐标系相对于固定参考坐标系(或任意两个指定坐标系)的坐标变换关系，从而得到相应的平移和旋转参数，进而求得所需的角速度和线速度命令。若固连在机器人上的坐标系已经到达指定位置，仍不满足期望的姿态，则通过绕当前坐标系旋转得到期望的姿态。

机器人位姿通常有三种表示形式，分别为旋转矩阵、欧拉角、四元数。下面分别介绍这三种表示形式以及它们之间的转换关系。

1) 旋转矩阵

旋转矩阵是通过一个 3×3 矩阵来描述一个空间的旋转。它的每一行与每一列都有特殊的含义。

绕 x 轴旋转：

$$R_x(\theta) = \begin{bmatrix} 1 & 0 & 0 \\ 0 & \cos\theta & -\sin\theta \\ 0 & \sin\theta & \cos\theta \end{bmatrix} \tag{4-19}$$

绕 y 轴旋转：

$$R_y(\theta) = \begin{bmatrix} \cos\theta & 0 & \sin\theta \\ 0 & 1 & 0 \\ -\sin\theta & 0 & \cos\theta \end{bmatrix} \tag{4-20}$$

绕 z 轴旋转：

$$R_z(\theta) = \begin{bmatrix} \cos\theta & -\sin\theta & 0 \\ \sin\theta & \cos\theta & 0 \\ 0 & 0 & 1 \end{bmatrix} \tag{4-21}$$

任何一个空间旋转可以表示为依次绕着三个旋转轴旋转三个角度的组合，需注意，向量做旋转变换时是左乘，即 $b = Ma$。

2) 欧拉角

欧拉角通过 3 个独立的参数来描述机器人在空间的旋转。

图 4-46 中 $oxyz$ 是原来的坐标系，$OXYZ$ 是旋转变化后的坐标系。其中，α、β、γ 分别是坐标系按先后顺序绕 z 轴、x 轴、z 轴旋转的角度。每旋转一次都会产生一个旋转矩阵，因此，欧拉旋转的三个角，可以对应于三个旋转矩阵。需要注意的是，每一次的欧拉旋转都是相对于当前坐标系的，而不是相对于最原始坐标系的旋转。

3) 四元数

与欧拉角不同，四元数描述了一个物体（或者一个坐标系）相对于其原来所在的坐标系下的一个旋转动作。四元数概述图如图 4-47 所示。

四元数的复数定义为

$$q = q_0 + q_1 i + q_2 j + q_3 k = [s, v] \tag{4-22}$$

式中，q_0、q_1、q_2、q_3 均为实数，$s = q_0$，$v = [q_0, q_1, q_2]$，$i^2 = j^2 = k^2 = -1$。对于 i、j、k 本身的几何意义可以理解为一种旋转，其中 i 代表 X 轴与 Y 轴相交平面中 X 轴正向向 Y 轴正向的旋转，j 旋转代表 Z 轴与 X 轴相交平面中 Z 轴正向向 X 轴正向的旋转，k 旋转代表 Y 轴与 Z 轴相交平面中 Y 轴正向向 Z 轴正向的旋转，$-i$、$-j$、$-k$ 分别代表 i、j、k 的反向旋转。

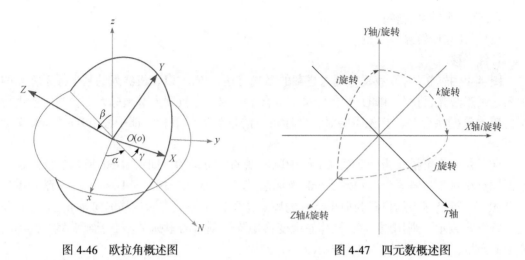

图 4-46　欧拉角概述图　　　　　　　　　　图 4-47　四元数概述图

4）转换关系

对于机器人位姿的三种表示形式，它们之间可以进行相互转换，这里介绍几种通用的转换公式。转化关系如图 4-48 所示。

图 4-48　转换关系图

（1）由欧拉角求旋转矩阵。

假设旋转顺序为：先绕 x 轴旋转 θ_x，再绕 y 轴旋转 θ_y，最后绕 z 轴旋转 θ_z，则由欧拉角到旋转矩阵的转换关系为

$$R\left(\theta_x,\theta_y,\theta_z\right)=R_z\left(\theta_z\right)R_y\left(\theta_y\right)R_x\left(\theta_x\right)$$

（2）由四元数求旋转矩阵。

已知四元数 $q=q_0+q_1i+q_2j+q_3k=\left[s,\boldsymbol{v}\right]$，则旋转矩阵为

$$\boldsymbol{R}=\begin{bmatrix}1-2q_2^2-2q_3^2 & 2q_1q_2-2q_0q_3 & 2q_1q_3+2q_0q_2\\2q_1q_2+2q_0q_3 & 1-2q_1^2-2q_3^2 & 2q_2q_3+2q_0q_1\\2q_1q_3-2q_0q_2 & 2q_2q_3+2q_0q_1 & 1-2q_1^2-2q_2^2\end{bmatrix} \tag{4-23}$$

2. 坐标变换

坐标变换有如下几种形式：

（1）纯平移；

(2)绕一个轴纯旋转；

(3)平移与旋转复合变换。

1)纯平移

图 4-49 描述了一个移动机器人搭载的激光雷达、IMU 以及机器人的基坐标系之间的关系。由于激光雷达与 IMU 的坐标系不重合，且都不在机器人基坐标系下，当需要进行两传感器数据融合时，首先需要对各坐标系下的量测进行平移，都平移至 Base_link 坐标系下。

纯平移变换可描述为坐标系在空间中以不变的姿态运动，如图 4-50 所示。仅仅是坐标系原点相对于参考系坐标（Base_link 坐标系）发生了变化。相对于 Base_link，激光雷达与 IMU 的新坐标系的位置为原坐标系的原点位置向量加上表示位移的向量 p_1、p_2。采用矩阵形式表示，则用原 4×4 矩阵左乘变换矩阵得到新的坐标系。由于纯平移变换不改变方向向量，所以变换矩阵 T 可表示为

$$T = \begin{bmatrix} 1 & 0 & 0 & d_x \\ 0 & 1 & 0 & d_y \\ 0 & 0 & 1 & d_z \\ 0 & 0 & 0 & 1 \end{bmatrix} \tag{4-24}$$

式中，d_x、d_y、d_z 为纯平移向量相对于参考坐标系 x、y、z 的分量，矩阵前三列表示没有旋转运动（相对于单位矩阵），最后一列表示平移运动。纯平移后的坐标系可表示为 $F_{new} = T_{rans}(d_x, d_y, d_z) \times F_{old}$。

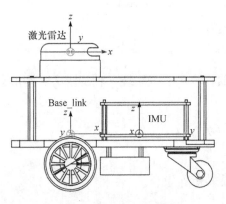

图 4-49　坐标系关系示意图

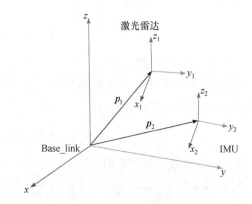

图 4-50　纯平移变换示意图

2)绕一个轴纯旋转

绕一个轴纯旋转变换如图 4-51 所示。假设已经将图 4-49 中的激光雷达与 IMU 坐标系平移至 Base_link 坐标系 $F_{x,y,z}$ 的原点。以 IMU 与 Base_link 坐标系之间的旋转变换关系为例，IMU 坐标系 $F_{n,o,a}$（为了方便区分，将 IMU 坐标系命名为 $F_{n,o,a}$）中有一点 p 相对于 Base_link 坐标系的坐标为 (p_x, p_y, p_z)，相对于 IMU 坐标系的坐标为 (p_n, p_o, p_a)。从图 4-52 可以看出当坐标系 $F_{n,o,a}$ 绕 x 轴旋转 θ 之后，p_n、p_o、p_a 没有发生变化，p_x、p_y、p_z 发生了一

定的变化。

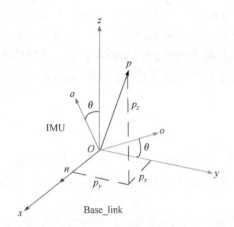

图 4-51 绕一个轴纯旋转变换示意图

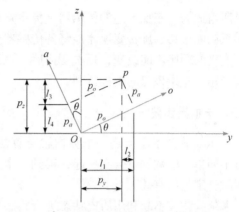

图 4-52 p 点坐标从 x 轴上观察的旋转坐标系

可以证明：

$$\begin{cases} p_x = p_n \\ p_y = l_1 - l_2 = p_o \cos\theta - p_a \sin\theta \\ p_z = l_3 + l_4 = p_o \sin\theta + p_a \cos\theta \end{cases} \tag{4-25}$$

写成矩阵形式为

$$\begin{bmatrix} p_x \\ p_y \\ p_z \end{bmatrix} = \begin{bmatrix} 1 & 0 & 0 \\ 0 & \cos\theta & -\sin\theta \\ 0 & \sin\theta & \cos\theta \end{bmatrix} \begin{bmatrix} p_n \\ p_o \\ p_a \end{bmatrix} \tag{4-26}$$

为得到参考坐标系中的坐标，旋转坐标系中的点 p 的坐标必须左乘旋转矩阵。旋转矩阵第一列的 1,0,0 表示沿 x 轴的坐标没有发生改变。不难得出，坐标系 $F_{n,o,a}$ 绕 $F_{x,y,z}$ 某一轴旋转 θ 之后，p 相对于固定参考系的新坐标为 $^U p = {}^U T_R \times {}^R p$（$p_{n,o,a} \to {}^R p$，$p_{x,y,z} \to {}^U p$），其中绕 x、y、z 轴旋转的变换矩阵分别为（$\sin \to S$，$\cos \to C$）：

$$\mathrm{Rot}(x,\theta) = \begin{bmatrix} 1 & 0 & 0 \\ 0 & C\theta & -S\theta \\ 0 & S\theta & C\theta \end{bmatrix} \tag{4-27}$$

$$\mathrm{Rot}(y,\theta) = \begin{bmatrix} C\theta & 0 & S\theta \\ 0 & 1 & 0 \\ -S\theta & 0 & C\theta \end{bmatrix} \tag{4-28}$$

$$\mathrm{Rot}(z,\theta) = \begin{bmatrix} C\theta & -S\theta & 0 \\ S\theta & C\theta & 0 \\ 0 & 0 & 1 \end{bmatrix} \tag{4-29}$$

3）平移与旋转复合变换

复合变换是由固定参考坐标系或当前运动坐标系的一系列沿轴平移变换和绕轴旋转变换所组成的，正如上述的传感器坐标系量测数据转换到机器人基坐标系下的过程，要经过一系列的平移、旋转变换才能将各传感器坐标系量测数据统一到基坐标系下。这种情况下，变换的顺序不能改变，每次变换后，该点相对于参考坐标系的坐标都可通过相应的每个变换矩阵左乘该点的坐标得到。

4.7.2　卡尔曼滤波

卡尔曼滤波本质上是一个数据融合算法，将具有同样测量目的、来自不同传感器、具有不同单位的数据融合在一起，得到一个更精确的目标测量值。因此卡尔曼滤波是多传感器融合定位的有效工具。

卡尔曼滤波不断利用历史状态进行状态更新和观测更新。作为一种递推形式的算法，它的滤波过程是一个不断进行预测-修正的过程，算法的核心是根据当前获得的测量值和来自上一时刻的预测值与信息，计算得到当前的最优量，再对下一时刻的状态进行预测。

标准卡尔曼滤波的算法流程如下，具体推导过程不再详细说明。

首先，给定随机系统状态空间模型：

$$\begin{cases} \boldsymbol{X}_k = \boldsymbol{\Phi}_{k|k-1} \boldsymbol{X}_{k-1} + \boldsymbol{\Gamma}_{k-1} \boldsymbol{W}_{k-1} \\ \boldsymbol{Z}_k = \boldsymbol{H}_k \boldsymbol{X}_k + \boldsymbol{V}_k \end{cases} \tag{4-30}$$

式中，$\boldsymbol{X}_k$ 为 n 维状态向量；$\boldsymbol{\Phi}_{k|k-1}$、$\boldsymbol{\Gamma}_{k-1}$、$\boldsymbol{H}_k$ 为系统结构参数，分别为状态转移矩阵、噪声驱动矩阵以及观测矩阵；$\boldsymbol{Z}_k$ 为系统测量向量；$\boldsymbol{W}_{k-1}$ 与 $\boldsymbol{V}_k$ 分别为系统噪声向量与量测噪声向量，两者为互不相关的零均值高斯白噪声序列，满足如下条件：

$$\begin{aligned} E[\boldsymbol{W}_k] &= 0, \quad E[\boldsymbol{W}_k \boldsymbol{W}_j^{\mathrm{T}}] = \boldsymbol{Q}_k \\ E[\boldsymbol{V}_k] &= 0, \quad E[\boldsymbol{V}_k \boldsymbol{V}_j^{\mathrm{T}}] = \boldsymbol{R}_k \\ E[\boldsymbol{W}_k \boldsymbol{V}_j^{\mathrm{T}}] &= 0 \end{aligned} \tag{4-31}$$

然后，标准卡尔曼滤波的算法流程如下。

状态预测：
$$\hat{\boldsymbol{X}}_{k|k-1} = \boldsymbol{\Phi}_{k|k-1} \hat{\boldsymbol{X}}_{k-1}$$

协方差预测：
$$\boldsymbol{P}_{k|k-1} = \boldsymbol{\Phi}_{k|k-1} \boldsymbol{P}_{k-1} \boldsymbol{\Phi}_{k|k-1}^{\mathrm{T}} + \boldsymbol{\Gamma}_{k-1} \boldsymbol{Q}_{k-1} \boldsymbol{\Gamma}_{k-1}^{\mathrm{T}}$$

Kalman 增益：
$$\boldsymbol{K}_k = \boldsymbol{P}_{k|k-1} \boldsymbol{H}_k^{\mathrm{T}} \left(\boldsymbol{H}_k \boldsymbol{P}_{k|k-1} \boldsymbol{H}_k^{\mathrm{T}} + \boldsymbol{R}_k \right)^{-1}$$

状态更新：
$$\hat{\boldsymbol{X}}_k = \hat{\boldsymbol{X}}_{k|k-1} + \boldsymbol{K}_k \left(\boldsymbol{Z}_k - \boldsymbol{H}_k \hat{\boldsymbol{X}}_{k|k-1} \right)$$

方差更新：
$$\boldsymbol{P}_k = \left(\boldsymbol{I}_n - \boldsymbol{K}_k \boldsymbol{H}_k \right) \boldsymbol{P}_{k|k-1}$$

其中，初始状态、方差分别为 $\hat{\boldsymbol{X}}_0$、$\boldsymbol{P}_0$。

然而，考虑到机器人系统，量测信息一般是关于状态变量的非线性函数，此时一般的卡尔曼滤波算法不能解决对机器人状态的估计问题，而是需要更为常用的非线性滤波算法：扩展卡尔曼滤波(EKF)算法。

对于机器人的运动过程，可以描述为一个非线性的动态系统，即

$$\begin{cases} x_k = f(x_{k-1}, u_k) + w_{k-1} \\ z_k = h(x_k) + v_k \end{cases} \tag{4-32}$$

式中，x_k 是机器人系统状态向量，即机器人系统在时刻 k 下的位姿状态；f 是非线性状态转移函数；u_k 是 k 时刻控制输入；z_k 是 k 时刻的观测矩阵；$h(x_k)$ 是传感器的非线性测量模型，其可以将状态映射到测量空间；w_{k-1} 与 v_k 分别为机器人系统噪声向量与传感器量测噪声向量。

EKF 算法中首先执行预测阶段，预测阶段反映了机器人 $k-1 \sim k$ 时刻的一步状态预测以及误差协方差估计情况，如式(4-33)所示：

$$\hat{x}_{k|k-1} = f\left(\hat{x}_{k-1}, u_k\right)$$
$$\hat{P}_k = F_k P_{k-1} F_k^{\mathrm{T}} + Q \tag{4-33}$$

式中，$\hat{x}_{k|k-1}$ 为状态的预测输出；$\hat{P}_k$ 为误差协方差估计值；Q 为过程噪声协方差；F_k 矩阵为状态转移函数的 Jacobian 矩阵，根据以下等式计算：

$$F_k = \frac{\partial f}{\partial x} = \begin{bmatrix} \dfrac{\partial f_1}{\partial x_1} & \cdots & \dfrac{\partial f_1}{\partial x_n} \\ \vdots & & \vdots \\ \dfrac{\partial f_n}{\partial x_1} & \cdots & \dfrac{\partial f_n}{\partial x_n} \end{bmatrix} \tag{4-34}$$

当测量可用时，测量更新阶段计算卡尔曼增益 K_k，并利用卡尔曼增益来更新状态向量 $\hat{x}_k$ 和协方差矩阵 P_k。测量更新基本过程与标准卡尔曼滤波算法相同，即为

$$K_k = P_{k|k-1} H_k^{\mathrm{T}} \left(H_k P_{k|k-1} H_k^{\mathrm{T}} + R_k \right)^{-1}$$
$$\hat{x}_k = \hat{x}_{k|k-1} + K_k \left(z_k - h(\hat{x}_{k|k-1}) \right) \tag{4-35}$$
$$P_k = \left(I_n - K_k H_k \right) P_{k|k-1}$$

式中，H_k 是测量函数的 Jacobian 矩阵，即 $H = \dfrac{\partial h}{\partial x}$。

注意：状态更新方程中，z_k 为传感器获得的真实测量值，$h(\hat{x}_{k|k-1})$ 为 k 时刻状态估计值的非线性函数，这里仍采用非线性函数的形式，而不是采用 $H_k \hat{x}_{k|k-1}$ 线性化的结果。

4.7.3　多传感器融合

本节介绍一种多传感器融合的方法，将移动机器人最常用的传感器信息(IMU 数据与里程计数据)进行融合处理，旨在加深读者对于多传感器融合的理解，IMU 与里程计融合框架如图 4-53 所示。

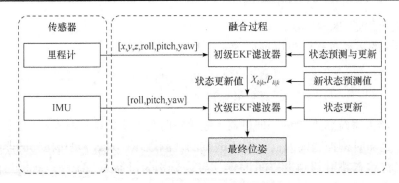

图 4-53　IMU 与里程计融合框架

1. 多传感器融合的基本框架

假设多传感器系统模型如下：

$$x(k+1) = Fx(k) + Bu(k) + w \tag{4-36}$$

$$z_1(k) = H_1x(k) + v_1 \tag{4-37}$$

$$\vdots$$

$$z_n(k) = H_nx(k) + v_n \tag{4-38}$$

和传统的卡尔曼滤波系统模型相比，多传感器系统模型的观测方程有多个，每个传感器的测量值都可以不同。实际上，卡尔曼增益作为卡尔曼滤波理论的核心，表示了测量输出所占最优输出值的比重，即

$$x(k+1) = F\hat{x}(k) + Bu(k) + K\big(z(k) - H\hat{x}(k)\big) \tag{4-39}$$

而对于多传感器系统，则无法直接计算残差项 $z(k) - H\hat{x}(k)$ 。因此，将第一个观测方程更新后的系统状态量 $x(k)$ 以及系统协方差矩阵 $P(k)$ 作为第二个传感器预测方程中的状态量预测值 $\hat{x}(k)$ 以及协方差矩阵 $\hat{P}(k)$ ，直至完成最后一个传感器的更新过程，并将最终更新结果作为滤波器的融合位姿结果。

2. 针对移动机器人的融合步骤

系统状态量：

$$[x, y, z, \text{pitch}, \text{roll}, \text{yaw}]^{\mathrm{T}} \tag{4-40}$$

式中，状态变量分量依次代表 x、y、z 方向上的位移以及横滚角、俯仰角、偏航角。

系统输入：

$$u = [u_1, u_2]^{\mathrm{T}} = [\Delta d, \Delta \theta]^{\mathrm{T}} \tag{4-41}$$

式中，$u_1 = \Delta d$，$u_2 = \Delta \theta$ 分别表示单位时间内移动机器人距离变化量与角度变化量。

系统方程(移动机器人切线模型)：

$$
\begin{cases}
x(k) = x(k-1) + u_1(k)\mathrm{yaw}(\theta(k-1)) \\
y(k) = y(k-1) + u_1(k)\mathrm{yaw}(\theta(k-1)) \\
\mathrm{yaw}(k) = \mathrm{yaw}(k-1) + u_2(k)
\end{cases}
\tag{4-42}
$$

通过主题信息得到轮式里程计的观测值和观测协方差矩阵，设其观测向量为 z_1，观测矩阵为 H_1，协方差矩阵为 P_1。其中，里程计的观测量为 $z_1 = [x, y, z, \mathrm{pitch}, \mathrm{roll}, \mathrm{yaw}]^T$，观测矩阵为

$$
H_1 = \begin{bmatrix}
1 & 0 & 0 & 0 & 0 & 0 \\
0 & 1 & 0 & 0 & 0 & 0 \\
0 & 0 & 1 & 0 & 0 & 0 \\
0 & 0 & 0 & 1 & 0 & 0 \\
0 & 0 & 0 & 0 & 1 & 0 \\
0 & 0 & 0 & 0 & 0 & 1
\end{bmatrix}
\tag{4-43}
$$

考虑到滤波初始时刻机器人未发生移动，无任何位移和角度偏移信息，因此初始系统输入量设置为 $u = [u_1, u_2]^T = [0, 0]^T$。首先利用里程计的观测值与协方差矩阵代入 EKF 滤波器进行初级滤波，包括状态估计与更新，得到输出结果 $X_{k|k}^1$ 与 $P_{k|k}^1$，将其作为下一级滤波器的状态与协方差预测值。

通过主题信息得到 IMU 观测数据与观测协方差矩阵，设其观测向量为 z_2，观测矩阵为 H_2，协方差矩阵为 P_2。

IMU 的观测量为 $z_2 = [\mathrm{pitch}, \mathrm{roll}, \mathrm{yaw}]^T$，观测矩阵为

$$
H_2 = \begin{bmatrix}
0 & 0 & 0 & 1 & 0 & 0 \\
0 & 0 & 0 & 0 & 1 & 0 \\
0 & 0 & 0 & 0 & 0 & 1
\end{bmatrix}
\tag{4-44}
$$

结合上一步得出来的状态与协方差预测值，进行新的状态更新，得到输出结果 $X_{k|k}^2$ 与 $P_{k|k}^2$，将其作为整个系统在 k 时刻的最终位姿。至此，整个融合过程结束。

需要注意的是：里程计与 IMU 的协方差矩阵为 P_1、P_2，初始值需要根据具体情况进行设置，即根据系统状态初始值与实际初始值的接近程度进行设置。以上 H_1 针对三维空间进行设置，但是考虑到实际机器人做的是二维平面运动，因此，z 方向位移、roll 与 pitch 观测信息均为 0。

ROS 社区提供了开源的多传感器融合功能包，名为 robot_pose_ekf，专门处理传感器的融合，主要订阅的主题包括 odom（里程计）、imu_data（姿态传感器）、vo（视觉里程计），将三者或是其中两者融合后，输出合成的里程计以主题 odom_combined 发布出去，并提供 TF 坐标变换。关于多传感器融合，在 ROS 下可利用 robot_pose_ekf 功能包对机器人各类传感器进行融合处理，将在 7.3.4 节详细讲解，这里只给出理论融合过程。

3. 融合效果

图 4-55 是根据 ROS 官方给出的扩展的卡尔曼滤波的包 robot_pose_ekf 进行 IMU 和

里程计融合结果与里程计定位的对比图。PR2 从实际起始点(绿色)运动一圈回到起始点(绿色),编码器的里程(蓝色)发生了漂移,而使用 robot_pose_ekf 融合出来的里程(红色)则跟实际位置基本重合,可见多传感器融合定位比单传感器具有更高的精度。

彩图4-54

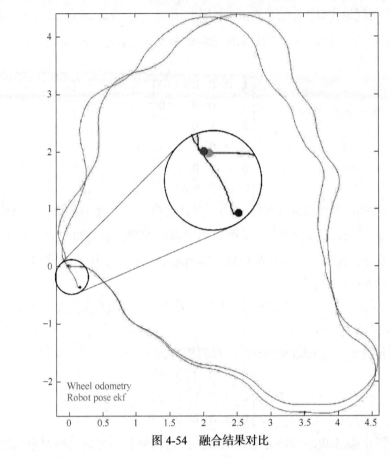

图 4-54　融合结果对比

第 5 章 机器人 SLAM 技术

机器人的定位与地图构建均是其完成自主导航的关键，但它们是相互依赖的关系，犹如"鸡生蛋、蛋生鸡"的逻辑。在地图已知的环境中，通过激光等传感器的辅助，很容易实现定位，进而实现导航工作；如果位置已知，地图构建也更加容易。然而，对于地图未知的环境，机器人的定位与地图构建就变成了难题，无法完成自主导航。因此，如何实现在未知环境中的定位与地图构建，成为机器人应用的问题。

为解决该问题，研究者提出了 SLAM 技术，意思是同步定位与建图。机器人通过自身运动控制设备和感知设备(传感器等)，一边运动，一边探测未知环境，在进行自主定位的同时利用获取到的环境数据构建出环境地图。使用 ROS 实现机器人的 SLAM 是非常方便的，有很多开源的功能包可供开发者使用，如 Gmapping、Hector-slam、Cartographer、ORB-SLAM 等。

5.1 SLAM 概述

5.1.1 SLAM 经典框架

机器人通过 SLAM 技术可实现自主定位、建图和导航等功能。按外部感知传感器的类型可将 SLAM 技术分为激光 SLAM、视觉 SLAM 和多传感器融合 SLAM。

激光 SLAM 的核心算法可以分为：滤波算法和优化算法。滤波算法有卡尔曼滤波、粒子滤波和 FastSLAM 等，优化算法是基于扫描匹配和图优化的 SLAM 算法。但两者的基本框架都可用图 5-1 来描述：机器人首先通过编码器积分和惯性元件数据融合处理得到里程计数据；然后将里程计数据输入运动模型计算机器人位姿；接下来将激光数据或者相机

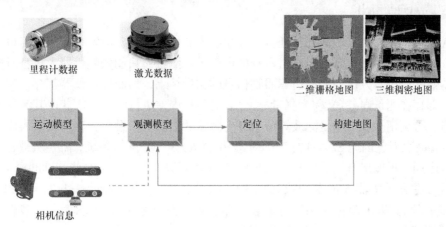

图 5-1 SLAM 基本框架

信息输入观测模型修正机器人位姿；最后将环境信息导入相应地图，通过机器人的回环运动构建整个环境地图。

视觉 SLAM 主要由传感器、视觉里程计、后端、闭环检测、建图五个环节组成。传感器和视觉里程计在视觉 SLAM 中属于前端，传感器主要用于环境信息的采集，视觉里程计根据传感器采集到的图像数据估计其位姿。后端将视觉里程计所形成的不同时刻位姿信息整理优化得到完整的环境地图。闭环检测环节是反馈环节，通过对传感器、视觉里程计、后端三个环节的信息进行比对来判断机器人移动的位置是否存在漂移或重复，若存在，则将其信息反馈至后端。最后根据前四个环节的信息构建地图。

单传感器存在精度不足、适应场景有限等缺陷，因此研究者提出了多传感器融合的 SLAM 算法，包括激光和视觉融合 SLAM、激光与 IMU 融合 SLAM，以及基于强化学习、神经网络等智能工具的新型 SLAM 算法，图 5-2 总结了当前主流的 SLAM 技术。

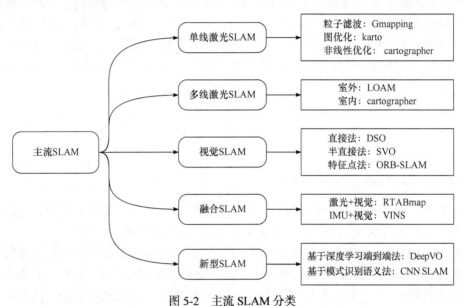

图 5-2　主流 SLAM 分类

5.1.2　SLAM 问题引出

SLAM 包括定位和建图两部分任务。理论上没有任何问题，但实现起来不简单。在实际机器人应用场景中，机器人无法对本身的位姿进行测量，只能依赖机器人自身所携带的各种传感器获取机器人位姿和周边障碍物信息的测量结果，然而任何仪器都存在测量精度的问题，即存在测量误差（又称为测量噪声）。对测量误差进行统计便能获取其测量噪声的概率分布，再利用扩展卡尔曼滤波算法对各传感器的信息进行融合，获取机器人位姿、环境地图的最优估计。因此 SLAM 算法的对象（机器人）是一个随机系统，需要从带有各种噪声的随机序列中提取出有用的信息。要理解 SLAM 算法，需要准备一些基础的概率知识。

假设 x 是表示机器人位姿的状态向量，x_1、x_2、$\cdots$、x_k 分别表示 $t=1$、2、$\cdots$、k 时刻的机器人位姿状态（以下简称状态），则 $x_{1:k}$ 表示机器人从 x_1 到 x_k 的状态集合；假设 z 是表示传感器对机器人自身及环境信息的量测向量，z_1、z_2、$\cdots$、z_k 分别表示 $t=1$、2、$\cdots$、k 时刻的机器人自身及环境信息的量测向量(以下简称量测),则 $z_{1:k}$ 表示机器人从 z_1 到 z_k 的量测信息集合。

$p(x_k|x_{1:k-1})$ 表示 x_k 时刻机器人状态的先验估计,它的含义是在 $x_{1:k-1}$ 时刻的状态信息下,x_k 状态的条件概率分布。也就是说,利用机器人过去的状态信息,对下一时刻的状态进行估计。在先验估计中不包含 k 时刻的量测信息,就如同天气预报在预测未来的天气状况时无法拿到未来的天气量测信息一样。先验估计是利用经验知识对下一时刻进行估计。有先验估计,自然有后验估计,即 $p(x_k|z_{1:k})$。它是利用量测的结果对先验估计进行修正,获取 x_k 的后验分布函数,这也是我们的最终目标。有了后验分布函数后,就可以按需选择 x_k 的估计值了。

如果知道某一个随机变量 x 的概率分布函数,就可以对 x 的值进行估计。因此,可以选取它的均值(Mean)、概率最大值(Mode)或中位数(Median)作为 x 的值,具体如何选择需要看具体应用场景。例如,在导弹拦截中,若 x 代表导弹的位姿信息,则需要选取 x 最有可能出现的点,即选取 x 概率分布的最大值作为 x 的估计值;在国民收入统计中,若 x 代表国民收入,则 x 取中位数为佳;若 x 代表一个人的成绩,则取均值为佳。对于机器人位姿估计,如果知道了机器人位姿信息的后验估计 $p(x_k|x_{1:k-1})$ 的概率分布曲线,如图 5-3 所示,就可以对 k 时刻的机器人位姿状态 x_k 进行估计了。

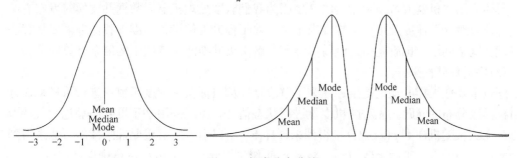

图 5-3　概率分布曲线

5.1.3　粒子滤波 SLAM

据 5.1.2 节分析,需要计算的仅仅是 $p(x_k|z_{1:k})$,即在量测信息下的机器人位姿概率分布。然而当 x_k 维数较高、系统方程非线性时,很难求出 $p(x_k|z_{1:k})$ 的表达式,因此可先抽取出一些随机样本来逼近 $p(x_k|z_{1:k})$ 的概率分布,然后以这些样本代替概率分布密度函数,以获取想要的估计值。目前,最常用的一种实现算法就是粒子滤波。

粒子滤波算法实现的基础是贝叶斯滤波。贝叶斯滤波为非线性系统的状态估计提供了基于概率的解决方案,它是用有限个随机采样的粒子集来表示概率分布的一种算法,使用蒙特卡洛积分估算积分值,同时引入序贯重要性采样和重采样技术,从而构成了粒子滤波的基本框架,图 5-4 是粒子滤波算法实现过程。

图 5-4　粒子滤波算法实现过程

为方便读者理解粒子滤波算法，我们将从粒子滤波基础概念和算法过程两方面进行介绍。

1）粒子滤波基础概念

（1）贝叶斯滤波。

贝叶斯滤波首先在信息不完整的条件下先做出一个概率预测，即先验分布，然后通过量测的似然函数更新调整具有参数值的先验分布，最终得到后验分布。具体实现分为预测过程和更新过程两部分：预测过程将后验概率密度用系统模型来替代，更新过程则利用测量信息来修正预测过程所得结果，从而获得较好的估计结果。贝叶斯滤波过程本质上是一个递推过程，也是马尔可夫过程。贝叶斯递推滤波与历史数据无关，只受当前时刻的数据影响，即只需对当前时刻数据进行操作和处理。

具体应用在机器人 SLAM 技术中时，我们使用贝叶斯滤波算法，根据机器人传感器获取到的测量和控制数据估计机器人与环境状态。

（2）蒙特卡洛积分。

由于贝叶斯滤波过程存在大量复杂计算，故引入蒙特卡洛积分来解决这个问题。蒙特卡洛积分通过先行构建一个概率模型，接着产生一定的随机样本，计算精度与样本数量成正相关，然后计算全部样本均值，最后乘以全部积分区间。蒙特卡洛积分所得结果与真实积分值误差很小，同时能够大大降低计算复杂度，因此得到了广泛的应用。

具体应用在机器人 SLAM 技术中时，因为我们获取处理机器人数据并要实时发布有关数据，所以对计算速度及可求解性要求很高，除了提升硬件设备标准，我们还需要从算法本身优化这个问题，也就是引入蒙特卡洛积分解决贝叶斯滤波算法中的复杂计算问题。

（3）序贯重要性采样。

序贯重要性采样的理论提出，是为了解决难以从目标概率密度函数中进行采样来逼近该目标函数分布的问题。先对随机变量进行状态估计，由于采用基于贝叶斯理论的蒙特卡洛方法无法从随机样本 $p(x)$ 中直接得到采样样本，所以引入序贯重要性采样的方法来得到一个满足期望的重要密度函数 $q(x)$，将 $q(x)$ 叫作建议分布，随后从 $q(x)$ 中采样即可。

在采样时，通常从建议分布里获取所需样本 $x_i^1, x_i^2, \cdots, x_i^m$，$w(x) = p(x)/q(x)$ 表示重要性权重，利用蒙特卡洛积分可得

$$\tilde{w}(x_i^j) = \frac{w(x_i^j)}{\sum_{j=0}^{m} w(x_i^j)} \tag{5-1}$$

$$E(g(x)) \approx \frac{1}{n}\sum_{j=0}^{m} \tilde{w}(x_i^j)g(x_i^j) \tag{5-2}$$

式中，$\tilde{w}(x_i^j)$ 是归一化后的权重，由式（5-1）可得

$$\tilde{w}(x_{1:n}^j) = \frac{w(x_{1:1}^j)}{\sum_{j=0}^{m} w(x_{1:1}^j)} \frac{w(x_{1:2}^j)}{\sum_{j=0}^{m} w(x_{1:2}^j)} \cdots \frac{w(x_{1:n}^j)}{\sum_{j=0}^{m} w(x_{1:n}^j)} \tag{5-3}$$

因为粒子滤波会用到 $\tilde{w}(x_{1:n}^j)$ 的计算值，从式（5-3）可以看出，随着 n 的增大，$\tilde{w}(x_{1:n}^j)$ 的计算量在不断增大，这是不希望看见的。我们希望每一步的计算量都尽可能均匀，故对 $\tilde{w}(x_{1:n}^j)$

做一个小小的变形。首先,根据马尔可夫特性,将 $p(x_{1:n}^j)$、$q(x_{1:n}^j)$ 进行分解,即

$$\begin{cases} p(x_{1:n}^j) = p(x_1^j)p(x_2^j \mid x_1^j)\cdots p(x_n^j \mid x_1^j, x_2^j, \cdots, x_n^j) \\ q(x_{1:n}^j) = q(x_1^j)q(x_2^j \mid x_1^j)\cdots q(x_n^j \mid x_1^j, x_2^j, \cdots, x_n^j) \end{cases} \tag{5-4}$$

可得式(5-5):

$$\tilde{w}(x_{1:n}^j) = \frac{p(x_{1:n}^j)}{q(x_{1:n}^j)} = \tilde{w}(x_{1:n-1}^j)\frac{p(x_n^j \mid x_{1:n-1}^j)}{q(x_n^j \mid x_{1:n-1}^j)} \tag{5-5}$$

由式(5-5)可知,$\tilde{w}(x_{1:n}^j)$ 每一步的计算复杂度就大致相当了。式(5-5)变形后得到的递推的权重更新公式。

具体应用在机器人 SLAM 技术中时,粒子滤波使用大量粒子估计机器人状态信息,然而在迭代计算过程中大量粒子权重降低,但仍然耗用大量计算资源,因此引入序贯重要性采样来解决这个问题。

(4)重采样。

序贯重要性采样存在一个重大缺点就是粒子退化问题。粒子退化即在粒子滤波算法反复迭代过程中,大量粒子权重不断降低,但是耗用了大量计算资源,对后验概率密度的估计作用也几乎可忽略不计。剩下少量粒子占据大部分权重,粒子多样性大大降低,最终估算结果和真实后验概率误差较大。

具体应用到机器人 SLAM 技术中时,我们使用重采样技术来解决粒子退化问题,在算法迭代计算时,根据粒子权重大小,舍弃小权重粒子,复制大权重粒子,进行权重更新。但是重采样也不可避免地会消耗计算资源,因此需要设定采样阈值,阈值 N_{eff} 表达式为

$$N_{eff} = \frac{1}{\sum_{j=0}^{m} w(x_i^j)^2} \tag{5-6}$$

式中,N_{eff} 并不是指真正的粒子数目,而是代表有效样本粒子数的多少。当有效样本粒子数目变少时,部分样本粒子权重较大,使得 $\sum_{j=0}^{m} w(x_i^j)^2$ 的值增大,N_{eff} 的值变小,且有效样本粒子数目越少,N_{eff} 值越小。

2)粒子滤波算法过程

粒子滤波算法具体步骤如下。

(1)初始化样本。设定初始化参数值,从先验概率得到粒子群 $\{x_1^j, x_1^1, x_1^2, \cdots, x_1^m\}$,初始化粒子权重为 $1/N$。

(2)一步预测。将 $\{x_1^j, x_1^1, x_1^2, \cdots, x_1^m\}$ 代入先验分布 $p(x_k \mid x_{k-1})$ 中,计算下一次迭代粒子位置的预测值。

(3)重要性采样。设置迭代次数 $k=k+1$,从重要性密度函数 $q(x_k^j \mid x_{k-1}^j)$ 中随机采样粒子群,用 $\{\tilde{x}_k^1, \tilde{x}_k^2, \cdots, \tilde{x}_k^m\}$ 表示。

(4)计算粒子的权重。

$$\tilde{w}(x_{1:n}^j) = \frac{p(x_{1:n}^j)}{q(x_{1:n}^j)} = \tilde{w}(x_{1:n-1}^j)\frac{p(x_n^j \mid x_{1,n-1}^j)}{q(x_n^j \mid x_{1,n-1}^j)} \tag{5-7}$$

并进行权重归一化：

$$\tilde{w}(x_i^j) = \frac{w(x_i^j)}{\sum_{j=0}^{m} w(x_i^j)} \tag{5-8}$$

(5) 重采样。设置有效粒子数阈值 N_{eff}，若有效粒子数小于 N_{eff}，则进行重采样。

(6) 状态输出。

$$x_k = \sum_{i=1}^{m} w_k^i x_k^i \tag{5-9}$$

(7) 判断迭代是否结束。

迭代结束则退出，否则转至步骤(2)。

5.1.4　FastSLAM

FastSLAM 算法是 Montemerlo 等提出的，他们首创性地将粒子滤波器应用到 SLAM 中。FastSLAM 算法将机器人定位和建图过程分开，主要步骤包括机器人位置预测、地图更新、粒子权重计算、归一化和重采样，其实现流程如图 5-5 所示。

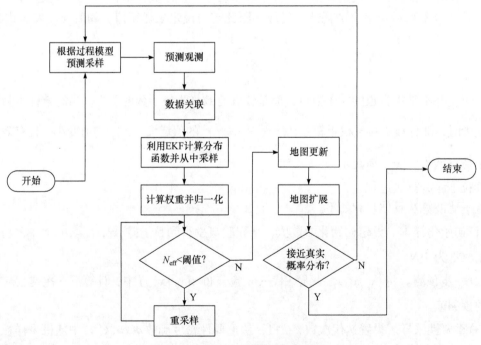

图 5-5　FastSLAM 算法实现流程

进行初始化操作：初始化粒子集。

(1)利用运动模型对每个粒子进行机器人位姿估计；

(2)结合 EKF 滤波器和传感器数据实现路标位置更新；

(3)通过估算的粒子概率分布与给定运动概率分布间的偏差大小设定粒子权重；

(4)利用计算求得的权重加权采样获取新粒子集。

反复循环，直到粒子的估算概率分布与实际概率分布足够接近。

在 FastSLAM 算法中，利用粒子滤波器对移动机器人的运动轨迹 $p(s^k | u^k, z^k, n^k)$ 进行估计，所有粒子又采用 N 个扩展卡尔曼滤波器对环境路标位置 $p(\theta_i | s^k, z^k, n^k)$ 进行估计。其中，第 i 个粒子可表示为

$$S_k^i = \left\{ s_k^i, u_{k,1}^i \Sigma_{k,1}^i, \cdots, \mu_{k,N}^i \Sigma_{k,N}^i \right\} \tag{5-10}$$

式中，s_k^i 为第 i 个粒子的路径估计，基于路径估计 s_k^i 的第 N 个环境路标的均值为 $\mu_{k,N}^i$，方差为 $\Sigma_{k,N}^i$。

FastSLAM 算法有 1.0 和 2.0 两个版本，其中版本 2.0 是在 1.0 的基础上，进行位姿采样的同时利用控制量 u_k 和观测量 z_k。这样可以避免出现当机器人控制精度不高时造成的样本与测量产生后验偏差较大的问题。算法的具体过程为下面四个阶段。

(1)新位姿采样。

首先基于 $k-1$ 时刻机器人位姿 s_{k-1} 与 k 时刻的控制量 u_k 对位姿进行先验估计，可以表示为

$$s_k^i \sim p(s_k | s_{k-1}^i, u_k, z_k) \tag{5-11}$$

然后计算分布函数，并对机器人的位姿、观测量以及环境路标分别做出预测。最后计算粒子的均值和方差为

$$\mu_{s_k}^i = \Sigma s_k^i H_s^\mathrm{T} Q^{i-1} (z^k - \hat{z}_k^i) + \hat{s}_k^i \tag{5-12}$$

$$\Sigma s_k^i = \left[H_s^\mathrm{T} Q^{i-1} H_s + p_k^{-1} \right]^{-1} \tag{5-13}$$

$$Q^i = R_k + H_\theta \Sigma_{n_k, k-1}^i H_\theta^\mathrm{T} \tag{5-14}$$

(2)地图更新。

环境特征的估计是基于移动机器人的位姿的，如果第 n 个环境特征被观测到，则 $n_k = n$，否则 $n_k \neq n$。那么，第 n 个环境特征的后验分布可表示为

$$p(\theta_{n_k} | s^{k,i}, z^k, u^k, n^k) = \eta p(z^k | s^{k-1,i}, \theta_{n_k}, z^{k-1}, n^k, u^k) p(\theta_{n_k} | s^{k,i}, z^{k-1}, u^k, n^k) \tag{5-15}$$

当 $n_k = n$，即观测到路标 n，式(5-15)可简化为

$$p(\theta_{n_k} | s^{k,i}, z^k, u^k, n^k) = \eta p(z^k | s^{k,i}, \theta_{n_k}, n^k) p(\theta_{n_k} | s^{k,i}, z^{k-1}, u^{k-1}, n^{k-1}) \tag{5-16}$$

基于泰勒变换对观测模型的非线性函数进行线性化近似，可表示为

$$h(\theta_{n_k}, s_k) \approx \hat{z}_k^i + H_\theta(\theta_{n_k} - \mu_{n_k, k-1}^i) \tag{5-17}$$

因此，式(5-16)可用高斯概率分布表示为

$$p(\theta_{n_k} \mid s^{k,i}, z^k, u^k, n^k)$$

$$= \eta e^{-\frac{1}{2}(z_k - \hat{z}_k^i - H_\theta(\theta_{n_k} - \mu_{n_k,k-1}^i))^T R^{-1}(k)(k - \hat{z}_k^i - H_\theta(\theta_{n_k} - \mu_{n_k,k-1}^i))} e^{-\frac{1}{2}(\theta_{n_k} - \mu_{n_k,k-1}^i)^T \Sigma_{n_k,k-1}^i{}^{-1}(\theta_{n_k} - \mu_{n_k,k-1}^i)} \tag{5-18}$$

当 $n_k \neq n$ 时，$p(\theta_{n_k} \mid s^{k,i}, z^k, u^k, n^k) = p(\theta_{n_k} \mid s^{k-1}, z^{k-1}, u^{k-1}, n^{k-1})$，更新 k 时刻环境特征的均值和协方差矩阵，可表示为

$$k_k^i = \Sigma_{n_k,k-1}^i H_\theta^T Q_k^{i-1} \tag{5-19}$$

$$\mu_{n_k,k}^i = \mu_{n_k,k-1}^i + k_k^i(z_k - \hat{z}_k^i) \tag{5-20}$$

$$\Sigma_{n_k,t}^i = (I - k_k^i H_\theta)\Sigma_{n_k,k-1}^i \tag{5-21}$$

(3)粒子权重计算。

第 i 个粒子的重要性权重为

$$w_{k+1}^i = \frac{目标函数}{提议分布} = \frac{p(s^{k,i} \mid z^k, u^k, n^k)}{p(s^{k,i} \mid z^{k-1}, u^k, n^{k-1})} \tag{5-22}$$

算法的提议分布为

$$p(s^{k-1,i} \mid z^{k-1}, u^{k-1}, n^{k-1})p(s_k \mid s^{k-1,i}, z^k, u^k, n^k) \tag{5-23}$$

第 i 个粒子权重为

$$w_k^i = \frac{p(s^{k,i} \mid z^k, u^k, n^k)}{p(s^{k-1,i} \mid z^{k-1}, u^{k-1}, n^{k-1})p(s_k \mid s^{k-1,i}, z^k, u^k, n^k)} \tag{5-24}$$

经过相关推导并基于高斯模型对观测模型的非线性函数实现线性化处理，即为

$$w_k^i \to \frac{1}{\sqrt{2\pi L_k}} e^{-\frac{1}{2}(-z_k - \hat{z}_k^i)^T L_k^{-1}(-z_k - \hat{z}_k^i)} \tag{5-25}$$

$$w_k^i \propto N(z_k; \hat{z}_k^i, L_k) \tag{5-26}$$

式中，$\hat{z}_k^i = g(\hat{\theta}_k^i, \hat{s}_k^i)$，$L_k = G_S P_K G_S^T + G_\theta \Sigma_{n_k,k-1}^i G_\theta^T + R_k$。

(4)重采样。

当粒子的退化程度超过设定阈值的时候，则必须重新完成采样。计算得到有效粒子数为 $N_{\text{eff}} = \dfrac{1}{\sum\limits_{i=1}^{N}(w_k^i)^2}$，设定阈值为 δ，如果有效粒子数小于该阈值，则需要依据粒子权重 w_k^i 对粒子集 S_k 进行重采样，根据粒子权重大小进行粒子筛选。

5.1.5　ROS 中 SLAM 的实现

至此，SLAM 的基础理论已介绍完毕，然而要实现机器人的 SLAM，需要将理论转化为可执行程序，工作量极大。所幸 ROS 社区已经集成了有关导航的功能包，本节将对如何

使用这些功能包实现机器人的定位与导航进行介绍。

Gmapping、Hector-slam 和 Cartographer 是目前较为常用的几个激光 SLAM 算法，下面将依次进行介绍。

（1）Gmapping 是一种基于 RBPF（Rao-Blackwellized Particle Filter，粒子滤波）算法的 SLAM 解决方案，是如今采用最多的 2D SLAM 方法之一。Gmapping 主要应用于构建小场景室内地图，通过较小的计算量便可获得较高精度的地图。它对激光雷达频率的要求低于 Hector-slam，鲁棒性高。但是，在构建大场景地图时，Gmapping 使用的粒子数不断增多，而且每个粒子都包含一个地图，对内存和运算速度的要求大大提高，加上没有回环检测单元，易出现地图错位情况，故 Gmapping 不能像 Cartographer 那样构建大场景地图。

（2）Hector-slam 对传感器要求高，它的扫描匹配问题通过高斯-牛顿方法计算。Hector-slam 无须使用里程计，但对于雷达帧率要求 40Hz 以上，估计 6 自由度位姿，因此它常用于不平整地面区域的建图工作，且需配备高更新频率、测量噪声小的激光雷达。但是，要想获得较为理想的地图，要求机器人在低速状态下运动，这也是它没有回环检测单元的弊端。

（3）Cartographer 是谷歌开源的一个 SLAM 算法，该算法支持二维和三维环境中的机器人定位建图功能。对比基于粒子滤波的方法，Cartographer 采用基于图网络的优化方法来实现 SLAM。它可以在计算资源有限的情况下，实时获取精度较高的二维地图。Cartographer 已实现 ROS 功能包集成，源码编译安装即可使用。

下面将分别介绍 Gmapping、Cartographer 和 Hector-slam 算法原理及基本实现。

5.2　Gmapping

5.2.1　Gmapping 算法原理

Gmapping 基于 FastSLAM 算法，但改进了其中的提议分布和重采样部分，改进后的算法过程描述如下。

（1）按照运动模型计算粒子的预计位姿 $x_t'^{(i)}$。

（2）按照扫描匹配算法估算机器人目标位姿 $\hat{x}_t^{(i)}$。

（3）建议分布：根据公式计算建议分布 $x_t^{(i)} \sim N\left(\mu_t^{(i)}, \Sigma_t^{(i)}\right)$。

（4）采样：按照上述建议分布进行粒子采样。

（5）计算权重：根据公式 $w_t^{(i)} = w_{t-1}^{(i)} \cdot \eta^{(i)}$ 计算粒子权重。

（6）计算有效粒子集数量，达到阈值时重采样。

（7）按照观测数据进行地图更新。

上述算法实现如下。

基于 RBPF 算法——输入量：$\left(S_{t-1}, z_t, u_{t-1}\right)$

输入：

　　S_{t-1}：上一时刻粒子群

　z_t, u_{t-1}：最近时刻的 scan，odom

输出：

    S_t：t 时刻的粒子群，采样子集

    $S_t = \{\}$：初始化粒子群

        for all　$s_{t-1}^{(i)} \in S_{t-1}$　do　　　　　　　　//scan 遍历上一时刻粒子群中的粒子

    $< x_{t-1}^{(i)}, w_{t-1}^{(i)}, m_{t-1}^{(i)} >= s_{t-1}^{(i)}$　　　　　　//取粒子携带的位姿、权重、地图

//扫描匹配

    $x_t'^{(i)} = x_{t-1}^{(i)} \oplus u_{t-1}$　　　　　　　　　//通过里程计进行位姿更新

    $\hat{x}_t^{(i)} = \arg\max_x p(x \mid m_{t-1}^{(i)}, z_t, x_t'^{(i)})$　　//极大似然估计求得局部极值，局部极值距
　　　　　　　　　　　　　　　　　　　　离高斯分布较近

    if　$\hat{x}_t^{(i)} = $ failure then　　　　　　　//如果没有找到局部极值

      $\hat{x}_t^{(i)} \sim p(x_t \mid x_{t-1}^{(i)}, u_{t-1})$　　　　　//提议分布，更新粒子位姿状态

      $w_t^{(i)} = w_{t-1}^i \cdot p(z_t \mid m_{t-1}^{(i)}, x_t^{(i)})$　　//使用观测模型对位姿权重进行更新

    else　　　　　　　　　　　　　　　//若找到局部极值

     //按模型采样

     for $k=1,\cdots,K$ do　　　　　　　//在局部极值附近取 k 个位姿

      $x_k \sim \left\{ x_j \mid\mid x_j - \hat{x}^{(i)} \mid < \Delta \right\}$

     end for

改进建议分布部分

//认为 k 个位姿服从高斯分布

$\mu_t^{(i)} = (0,0,0)^{\mathrm{T}}$

$\eta^{(i)} = 0$

for all　$x_j \in \{x_1,\cdots,x_K\}$　do

    $\mu_t^{(i)} = \mu_t^{(i)} + x_j \cdot p(z_t \mid m_{t-1}^{(i)}, x_j) \cdot p(x_t \mid x_{t-1}^{(i)}, \mu_{t-1})$　　//计算 k 个位姿的均值

    $\eta^{(i)} = \eta^{(i)} + p(z_t \mid m_{t-1}^{(i)}, x_j) \cdot p(x_t \mid x_{t-1}^{(i)}, \mu_{t-1})$　　//计算 k 个位姿的权重

end for

$\mu_t^{(i)} = \mu_t^{(i)} / \eta^{(i)}$　　　　　　　　　　//均值的归一化处理

$\Sigma_t^{(i)} = 0$

for all　$x_j \in \{x_1,\cdots,x_K\}$　do　　　　　　//计算 k 个位姿的方差

    $\Sigma_t^{(i)} = \Sigma_t^{(i)} + (x_j - \mu^{(i)})(x_j - \mu^{(i)})^{\mathrm{T}} \cdot p(z_t \mid m_{t-1}^{(i)}, x_j) \cdot p(x_t \mid x_{t-1}^{(i)}, \mu_{t-1})$

end for

$\Sigma_t^{(i)} = \Sigma_t^{(i)} / \eta^{(i)}$　　　　　　　　　//方差的归一化处理

//使用多元正态分布近似新位姿

$$x_t^{(i)} \sim N\left(\mu_t^{(i)}, \Sigma_t^{(i)}\right)$$

//计算该位姿粒子的权重

$$w_t^{(i)} = w_{t-1}^{(i)} \cdot \eta^{(i)}$$

end if

//更新地图

$$m_t^{(i)} = \text{int egrateScan}\left(m_{t-1}^{(i)}, x_t^{(i)}, z_t\right)$$

//更新粒子群

$$S_t = S_t \cup \left\{ < x_t^{(i)}, w_t^{(i)}, m_t^{(i)} > \right\}$$

end for   //循环遍历上一时刻所有粒子

//重采样部分

$$N_{\text{eff}} = \frac{1}{\sum_{i=1}^{N} (\hat{w}^{(i)})^2}$$ //计算所有粒子权重离散程度

If $N_{\text{eff}} < T$ then   //判断阈值，是否进行重采样

  $S_t = \text{resample}(S_t)$ //重采样

end if

Gmapping 算法流程图如图 5-6 所示。

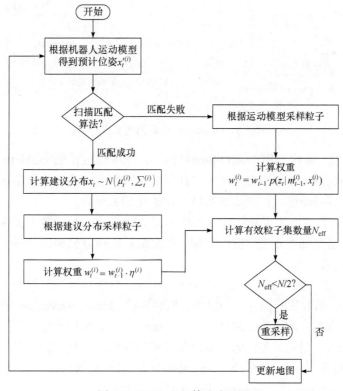

图 5-6　Gmapping 算法流程图

5.2.2　Gmapping 算法实现

Gmapping 是最常用的激光 SLAM 算法之一，它还同时依赖里程计数据，在室内小场景有着不错的应用效果。该算法在功能包 slam_gmapping 中实现，图 5-7 展示了 Gmapping 函数调用流程，下面对其中的主要函数进行介绍。

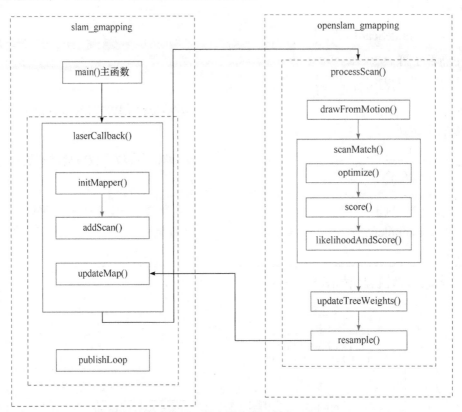

图 5-7　Gmapping 函数调用流程

initMapper 函数：首次调用 laserCallback 函数，程序会跳转至 initMapper 函数，激光雷达测量得到扫描数据。在 initMapper 中，还需要判断激光雷达是否发生倾斜，并根据激光雷达的安装方式调整角度。在函数的最后，初始化相关参数。

addScan 函数：首先获取里程计数据，然后在 laserCallback 函数中实现坐标变换，并按照激光雷达安装情况修改角度数据。数据处理完成后转换数据格式并匹配时间戳，最后转入 processScan 函数。

processScan 函数：位于 gridslamprocessor.cpp 中，首先获取当下机器人位姿，然后调用 drawFromMotion 函数从里程计运动模型获取位姿，drawFromMotion 函数中的 sample 函数是以形参作为方差、均值为 0 的高斯分布。sample 函数是数值分析所近似生成的高斯分布，当前位姿和前一时刻位姿求差，得出角度和位移偏差。利用激光雷达测得距离做得分处理。非首帧调用 scanMatch、updateTreeWeights、resample。首帧依次调用 invalidActiveArea、computeActiveArea、registerScan 函数。

drawFromMotion 函数：功能是构建里程计误差模型。输入为粒子位姿、里程计真实位姿、前一次位姿。输出为叠加误差后的粒子位姿。

scanMatch 函数：调用 optimize 计算激光、地图匹配结果，若得分超过阈值则认为匹配成功，更新位姿，若匹配失败则使用里程计更新位姿；调用 likelihoodAndScore 函数计算粒子的似然和表示权重并更新。

optimize 函数：计算粒子得分，函数先通过 score 函数寻找最优位姿，为使位姿更为准确，通过在初始位姿的基础上，各向移动，查找更高得分的位姿，作为最优位姿。

score 函数：此函数和 likelihoodAndScore 函数功能实现相似。score 函数完成激光雷达坐标到机器人坐标，再到世界坐标的转换。雷达只要探测匹配出最可能被激光束扫描到的点，便对其进行得分计算，likelihoodAndScore 实现方式也是如此。

updateTreeWeights 函数：若粒子权重未归一化，则执行归一化；重置树的节点信息；更新节点传播权重。

resample 重采样函数：重采样函数是为了消除早期 SIS 粒子滤波器的粒子退化问题。其基本思想是对赋予权重的粒子集进行重采样，从中取出权重较小的粒子，增加权重较大的粒子；重采样之后，所有粒子权重设为均等。这种方法虽然可以避免出现粒子退化问题，但它也会导致新的问题——粒子匮乏，即粒子多样性降低。为了缓解该问题，Gmapping 采取了一种自适应的方式进行重采样，即定义一个指标 N_{eff} 来评价粒子权重的相似度，只有在 N_{eff} 小于一个给定的阈值的时候才进行重采样。

updateMap 函数：最后回到 laserCallback 函数执行 updateMap 函数；根据粒子权重预测下一时刻粒子的最优解，并进行地图更新。

在 ROS 的软件源中，自带 Gmapping 功能包，不需要重新进行源码安装。接下来，介绍这个功能包的主要内容，以及如何去使用这个功能包。

（1）Gmapping 功能包中的主题与服务，如表 5-1 所示。

表 5-1　Gmapping 功能包中的主题和服务

功能	名称	类型	描述
主题订阅	tf	tf/tfMessage	用于激光、机器人和里程计坐标系之间的转换
	scan	sensor_msgs/LaserScan	激光扫描数据
主题发布	map_metadata	nav_msgs/MapMetaData	地图 Meta 数据
	~entropy	std_msgs / Float64	发布机器人姿态估计熵的信息
	map	nav_msgs/OccupancyGrid	地图栅格数据
服务	dynamic_map	nav_msgs / GetMap	获取地图数据

（2）Gmapping 功能包中可供配置的参数，如表 5-2 所示。

表 5-2　Gmapping 功能包中可供配置的参数

参数	类型	默认值	描述
~throttle_scans	int	1	每收到该数量帧的激光雷达数据后只处理其中的一帧数据，默认每接收到一帧数据就处理一次
~base_frame	string	base_link	机器人基坐标系
~map_frame	string	map	地图坐标系
~odom_frame	string	odom	里程计坐标系
~map_update_interval	float	5.0	地图更新频率，该值越低，计算机负载越大
~maxUrange	float	80.0	激光可探测的最大范围
~sigma	float	0.05	端点匹配的标准差
~kernelSize	int	1	用于查找对应关系的内核
~srr	float	0.1	平移时的位移误差
~srt	float	0.2	平移时的角度误差
~str	float	0.1	旋转时的位移误差
~stt	float	0.2	旋转时的角度误差
~ogain	float	3.0	似然计算时为平滑重采样使用的增益
~lskip	int	0	扫描时跳过的激光束数量
~minimumScore	float	0.0	扫描匹配结果的最低分数，当使用有限范围的激光扫描仪时，可以避免在大环境中跳跃姿态估计
~step	float	0.05	平移过程中的优化步长
~astep	float	0.05	旋转过程中的优化步长
~iterations	int	5	扫描匹配的迭代次数
~lsigma	float	0.075	似然计算的激光标准差
~linearUpdate	float	1.0	平移该距离后对激光扫描数据进行处理
~angularUpdate	float	0.5	旋转该弧度后对激光扫描数据进行处理
~temporalUpdate	float	−1.0	如果最新扫描处理的时间早于更新时间，则处理扫描数据。该值为负数时关闭基于时间的更新
~resampleThershould	float	0.5	基于 N_{eff} 的重采样阈值
~particles	Int	30	滤波器中的粒子数目
~xmin	float	−100.0	地图 x 向初始最小尺寸
~ymin	float	−100.0	地图 y 向初始最小尺寸
~xmax	float	100.0	地图 x 向初始最大尺寸
~ymax	float	100.0	地图 y 向初始最大尺寸
~delta	float	0.05	地图分辨率
~transform_publish_period	float	0.05	TF 坐标变换发布周期
~occ_tresh	float	0.25	栅格地图占用率的阈值，超过阈值则认为是占用的
~maxRange (float)	float	—	传感器的最大范围

(3) Gmapping 功能包所提供的 TF 坐标变换，见表 5-3。

表 5-3　**Gmapping 功能包提供的 TF 坐标变换**

功能	TF 坐标变换	描述
必需的 TF 坐标变换	\<scan frame\> → base_link	激光雷达坐标系与基坐标系的坐标变换
	base_link → odom	基坐标系与里程计坐标系的坐标变换
发布的 TF 坐标变换	map → odom	地图坐标系与里程计坐标系的坐标变换

5.2.3　Gmapping 的节点配置与运行

　　Gmapping 功能包的运行不仅仅需要激光雷达的扫描信息，还需要里程计的定位信息，是不能进行手动操作的。因此运行 Gmapping 功能包有两种方式：一种是下载网上现成的数据集，通过 Gmapping 功能包进行建图工作；另一种是利用带有激光雷达和里程计的机器人或在 ROS 环境中建立的机器人仿真模型所获取的数据进行建图。为方便读者理解建图过程，重点介绍后者。但由于截止本节还并未涉及关于机器人建模仿真相关的内容，所以对于机器人模型，本节将直接使用开源 turtlebot3 机器人模型(可在 turtlebot 官网下载相关代码)，供读者进行仿真测试。

　　首先将 turtlebot3 几个功能包复制到已建立的工作空间中，如图 5-8 所示。其中，turtlebot3_bringup 是机器人底盘的启动文件(做仿真则不需要它的存在)，包括机器人底盘的全部信息；turtlebot3_description 是存放机器人模型的描述文件功能包，由于没有实际的底盘信息，只能采用模型；turtlebot3_navigation 存放建图导航相关配置；turtlebot3_telelop 存放键盘控制程序。这些功能包是已经配置好的，它们提供了机器人导航建图的仿真环境信息。

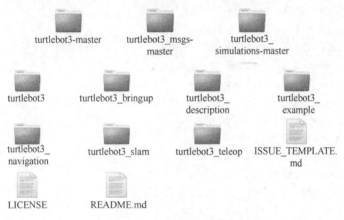

图 5-8　机器人模型功能包

在编译功能包前需要安装一些依赖，先打开终端，依次输入以下命令：

```
$ sudo apt-get install ros-melodic-navigation
$ sudo apt-get install -y libgazebo9-dev
$ sudo apt-get install ros-melodic-gazebo-ros-control
```

然后进行编译，编译成功后按照以下步骤配置机器人 Gmapping 节点，实现机器人的

SLAM 仿真。

（1）在 turtlebot3_slam/launch/路径下创建了一个 turtlebot3_gmapping.launch 文件来配置启动 Gmapping 节点，其内容如下：

```xml
<launch>
  <!-节点参数-->
  <arg name="model" default="$(env TURTLEBOT3_MODEL)" doc="model type [burger, waffle, waffle_pi]"/>
  <arg name="configuration_basename" default="turtlebot3_lds_2d.lua"/>
  <arg name="set_base_frame" default="base_footprint"/>
  <arg name="set_odom_frame" default="odom"/>
  <arg name="set_map_frame" default="map"/>
  <!--Gmapping 参数配置-->
  <node pkg="gmapping" type="slam_gmapping" name="turtlebot3_slam_gmapping" output="screen">
    <param name="base_frame"value="$(arg set_base_frame)"/>
    <param name="odom_frame"value="$(arg set_odom_frame)"/>
    <param name="map_frame"value="$(arg set_map_frame)"/>
    <param name="map_update_interval"value="2.0"/>
    <param name="maxUrange"value="3.0"/>
    <param name="sigma"value="0.05"/>
    <param name="kernelSize"value="1"/>
    <param name="lstep"value="0.05"/>
    <param name="astep"value="0.05"/>
    <param name="iterations"value="5"/>
    <param name="lsigma"value="0.075"/>
    <param name="ogain"value="3.0"/>
    <param name="lskip"value="0"/>
    <param name="minimumScore"value="50"/>
    <param name="srr"value="0.1"/>
    <param name="srt"value="0.2"/>
    <param name="str"value="0.1"/>
    <param name="stt"value="0.2"/>
    <param name="linearUpdate"value="1.0"/>
    <param name="angularUpdate"value="0.2"/>
    <param name="temporalUpdate"value="0.5"/>
    <param name="resampleThreshold"value="0.5"/>
    <param name="particles"value="100"/>
    <param name="xmin"value="-10.0"/>
    <param name="ymin"value="-10.0"/>
    <param name="xmax"value="10.0"/>
    <param name="ymax"value="10.0"/>
    <param name="delta"value="0.05"/>
```

```
        <param name="llsamplerange"value="0.01"/>
        <param name="llsamplestep"value="0.01"/>
        <param name="lasamplerange"value="0.005"/>
        <param name="lasamplestep"value="0.005"/>
    </node>
</launch>
```

启动文件中需要强调几条重点语句如下。

① <arg name="model" default="$(env TURTLEBOT3_MODEL)" doc="model type [burger, waffle, waffle_pi]"/>。

这是 LAUNCH 文件的第一条语句，也是极为重要的一条语句，它选择了机器人模型，这里我们确定使用的机器人模型为 turtlebot3 中的 burger 模型。

② <arg name="configuration_basename" default="turtlebot3_lds_2d.lua"/>。

这条语句加载了传感器激光雷达和其他建图参数的配置文件。

③ <node pkg="gmapping" type="slam_gmapping" name="turtlebot3_slam_gmapping" output="screen">。

这条语句是启动建图 Gmapping 节点，以及 5.2.2 节提到的相关参数设置。

④ <arg name="set_odom_frame" default="odom"/>。

这条语句定义了功能包机器人的里程计坐标系，odom 采用宏定义方式表示里程计的坐标系，并将其传递给参数 set_odom_frame，set_odom_frame 的参数和真实机器人里程计的坐标系相对应即可。

其余的参数设置如~map_update_interval（地图更新频率）、~maxRange（float）（传感器的最大范围）等参数的描述含义在表 5-2 中已详细给出，对于熟悉 SLAM 算法的人自然不会陌生，对于新手来说也不必担心，这些参数大多使用默认值即可，在表中已经给出，在需要的时候我们再自行调整，本节使用的 turtlebot3 开源代码中的配置参数在后面也会给大家展示，但在做实车测试时还是需要与自己的实验机器人传感器参数进行匹配修改。

（2）新建一个启动 Gmapping 例程的启动文件 turtlebot3_slam_launch.launch，该文件在 turtlebot3_slam/launch 中创建，其代码如下：

```
<launch>
    <!--节点参数-->
    <arg name="model" default="$(env TURTLEBOT3_MODEL)" doc="model type [burger,
waffle, waffle_pi]"/>
    <arg name="slam_methods" default="gmapping" doc="slam type [gmapping,
cartographer, hector, karto, frontier_exploration]"/>
    <arg name="configuration_basename" default="turtlebot3_lds_2d.lua"/>
    <arg name="open_rviz" default="true"/>

    <!--turtlebot3启动节点-->
    <include file="$(find turtlebot3_bringup)/launch/turtlebot3_remote.launch">
        <arg name="model" value="$(arg model)"/>
```

```
    </include>

    <!--SLAM启动节点: Gmapping, Cartographer, Hector, Karto, Frontier_exploration,
RTAB-Map-->
    <include file="$(find turtlebot3_slam)/launch/turtlebot3_$
(arg slam_methods).launch">
      <arg name="model" value="$(arg model)"/>
      <arg name="configuration_basename" value="$(arg configuration_basename)"/>
    </include>

    <!--rviz 启动节点-->
    <group if="$(arg open_rviz)">
      <node pkg="rviz"type="rviz"name="rviz"required="true"
        args="-d $(find turtlebot3_slam)/rviz/turtlebot3_$(arg slam_methods).
rviz"/>
    </group>
  </launch>
```

该启动文件完成三个功能：一是启动加载 turtlebot3 机器人模型；二是通过节点路径找到并启动已创建好的 Gmapping 启动节点；三是启动 RViz 界面，在 RViz 中可实时查看机器人动态建图过程。

5.2.4　Gmapping 建图仿真

本节利用已介绍的三个功能包来进行仿真。

(1)启动机器人仿真节点，其结果如图 5-9 所示。

```
$ roslaunch turtlebot3_gazebo turtlebot3_world.launch
```

(2)启动已创建的启动 Gmapping 节点的 launch 文件，其结果如图 5-10 所示。

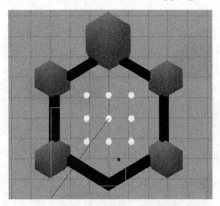

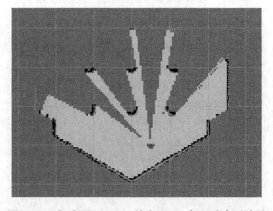

图 5-9　机器人仿真环境　　　　　　图 5-10　启动 Gmapping 并在 RViz 中查看建图效果

```
$ roslaunch turtlebot3_slam turtlebot3_slam.launch slam_methods:=
gmapping
```

（3）启动 turtlebot3 键盘控制节点，其效果如图 5-11 所示。

```
$ roslaunch turtlebot3_teleop turtlebot3_teleop_key.launch
```

```
wxw@wxw-virtual-machine:~$ roslaunch turtlebot3_teleop turtlebot3_teleop_key.launch
... logging to /home/wxw/.ros/log/bad040c0-1f93-11ec-934c-000c29616975/roslaunch-wxw-virtual-machine
-13623.log
Checking log directory for disk usage. This may take awhile.
Press Ctrl-C to interrupt
Done checking log file disk usage. Usage is <1GB.

started roslaunch server http://192.168.64.128:43033/

SUMMARY
========

PARAMETERS
 * /model: burger
 * /rosdistro: kinetic
 * /rosversion: 1.12.14

NODES
  /
    turtlebot3_teleop_keyboard (turtlebot3_teleop/turtlebot3_teleop_key)

ROS_MASTER_URI=http://192.168.64.128:11311

process[turtlebot3_teleop_keyboard-1]: started with pid [13642]

Control Your TurtleBot3!
---------------------------
Moving around:
        w
   a    s    d
        x

w/x : increase/decrease linear velocity (Burger : ~ 0.22, Waffle and Waffle Pi : ~ 0.26)
```

图 5-11　键盘控制节点启动

（4）通过键盘输入控制小机器人进行移动，获取建图结果，如图 5-12 所示。

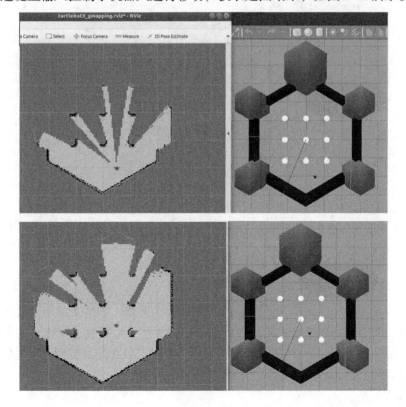

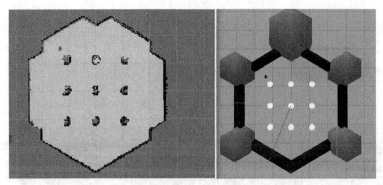

图 5-12 机器人位置与对应的 Gmapping 建图结果

在真实机器人 SLAM 中，Gmapping 功能包的配置与上面所介绍的配置步骤几乎一致，不同的是一个真实的机器人往往是多传感器融合形成的闭环的控制，它的程序量更大，因此更加需要模块化编程，但每一块往往最后都由一个统一的节点进行启动。

当建立好地图后，可采用如下命令来保存地图，打开新终端并从终端进入地图将要保存的位置，运行命令便得到如图 5-13 所示的仿真环境地图。

```
$ rosrun map_server map_saver
```

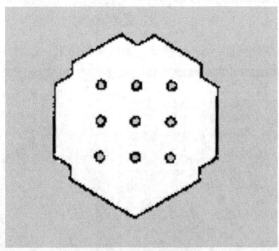

图 5-13 仿真环境地图

到此为止，我们完成了自己配置 Gmapping 功能包进行仿真建图的全部工作。

5.3 Cartographer

Cartographer 是谷歌发布的一个开源 SLAM 算法，该算法支持二维和三维环境中的机器人定位建图功能。Cartographer 采用图网络的优化方法，主要通过激光雷达来获取环境数据，也可以结合里程计和 IMU 来进行相关配置，同时可以在计算资源有限的情况下，实时获取精度较高的二维地图。

5.3.1   Cartographer 功能包

Cartogrpher 功能包已实现 ROS 集成，通过源码安装编译即可使用。首先，新建一个工作空间，然后进行该源码的安装配置以及后续修改工作。例如，工作空间命名为 catkin_carto_ws，使用下面的命令实现该源码的安装。

(1)准备工作。

首先加入谷歌服务器域名：

```
$ sudo gedit /etc/resolv.conf
```

将原有的 nameserver 这一行注释，并添加以下两行：

```
$ nameserver 8.8.8.8
$ nameserver 8.8.4.4
```

然后保存并关闭文件。

(2)安装工具。

```
$ sudo apt-get update
$ sudo apt-get install -y python-wstool python-rosdep ninja-build
```

(3)创建工作区间 carto_ws 并初始化。

```
$ mkdir carto_ws
$ cd carto_ws
$ wstool init src
```

(4)下载 Cartographer_ros.rosinstall 并更新依赖。

```
$ wstool merge -t src https://raw.githubusercontent.com/googlecartographer/
cartographer_ros/master/cartographer_ros.rosinstall
```

最好修改一下默认文件下载地址，打开一个新终端输入：

```
$ gedit carto_ws/src/.rosinstall
```

修改第三个 GIT 网址，修改后结果如图 5-14 所示。

图 5-14   rosinstall 文件

```
$ wstool update -t src
```

如果还是遇到克隆 ceres-solver 过程中的超时问题，可以单独下载安装 ceres，操作步骤如下：

```
$ git clone https://ceres-solver.googlesource.com/ceres-solver
$ cd ceres-solver
$ git checkout tags/${1.13.0}    //这里用的 1.13.0 版本
$ mkdir build
$ cd build
$ cmake .. -G Ninja -DCXX11=ON
$ ninja
$ CTEST_OUTPUT_ON_FAILURE=1 ninja test
$ sudo ninja install
```

克隆成功后，如图 5-15 所示。

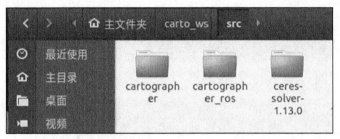

图 5-15　克隆成功后工作空间下的 src 文件夹

(5)安装依赖并下载 Cartographer 相关功能包。

```
$ rosdep update
$ rosdep install --from-paths src --ignore-src --rosdistro=melodic -y
```

注意，rosdistro=melodic -y 是根据自己 ROS 的版本来确定的。但是这里可能会报错：

```
$ ERROR: error loading sources list:
The read operation timed out
```

此时，可以更换网络多次尝试，也可连接手机热点进行编译。如果还是不行，则可以修改等待时间。

```
$ sudo vim /usr/lib/python2.7/dist-packages/rosdep2/gbpdistro_support.py
$ sudo vim /usr/lib/python2.7/dist-packages/rosdep2/sources_list.py
$ sudo vim /usr/lib/python2.7/dist-packages/rosdep2/rep3.py
```

将三个文件中 DOWNLOAD_TIMEOUT=15.0 改成 500。注意，以上三者需要同步修改。

(6) 编译并安装。

```
$ catkin_make_isolated --install --use-ninja
$ source install_isolated/setup.bash
```

至此，Cartographer 的相关功能包安装成功。

5.3.2　Cartographer 的节点配置与运行

要对 Cartographer 代码进行配置，首先对在 Cartographer 中进行机器人定位和建图工作相关的主要配置文件及参数进行说明，图 5-16 和图 5-17 分别为 Cartographer 的节点启动文件 launch 文件和参数设置文件 lua 文件。

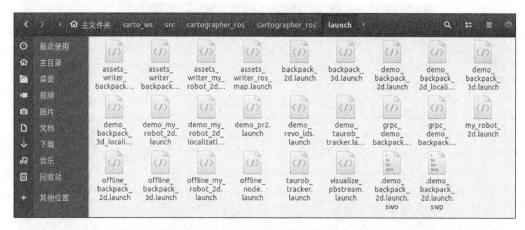

图 5-16　Cartographer 包下的 launch 文件

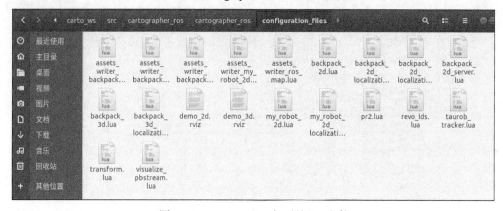

图 5-17　Cartographer 包下的 lua 文件

backpack 文件均为默认配置文件，用户可根据自己的需要进行相关修改配置工作，其中主要几个文件对应关系如下。

backpack_2d.launch → my_robot_2d.launch

demo_backpack_2d.launch → demo_my_robot_2d.launch

offline_backpack_2d.launch → offline_my_robot_2d.launch

demo_backpack_2d_localization.launch → demo_my_robot_localization_2d.launch

assets_writer_backpack_2d.launch → assets_writer_my_robot_2d.launch

backpack_2d.lua → my_robot_2d.lua

backpack_2d_localization.lua → my_robot_2d_localization.lua

aasets_writer_backpack_2d.lua → aasets_writer_my_robot_2d.lua

主要更改文件如下。

（1）my_robot_2d.lua。

文件功能：配置机器人相关参数，主要坐标系名称、是否有里程计/卫星/地标、传感器数量、传感器测量范围等，具体参数配置如图 5-18 所示。

图 5-18　my_robot_2d.lua 文件

（2）my_backpack_2d.urdf。

文件功能：修改机器人模型，设置自己的机器人模型，具体参数配置如图 5-19 所示。

（3）my_robot_2d.launch。

文件功能：用实际机器人建图（只使用激光雷达数据），具体参数配置如图 5-20 所示。

打开(O)▾　*my_backpack_2d.urdf　~/carto_ws/src/cartographer_ros/cartographer_ros/urdf

```
<robot name="cartographer_backpack_2d">
  <material name="orange">
    <color rgba="1.0 0.5 0.2 1" />
  </material>
  <material name="gray">
    <color rgba="0.2 0.2 0.2 1" />
  </material>

  <link name="imu_link">
    <visual>
      <origin xyz="0 0 0" />
      <geometry>
        <box size="0.06 0.04 0.02" />
      </geometry>
      <material name="orange" />
    </visual>
  </link>

  <!--<link name="horizontal_laser_link"> -->

  <link name="base_scan">

    <visual>
      <origin xyz="0 0 0" />
      <geometry>
        <cylinder length="0.05" radius="0.03" />
      </geometry>
      <material name="gray" />
    </visual>
  </link>
```

图 5-19　my_backpack_2d.urdf 文件

打开(O)▾　my_robot_2d.launch　~/carto_ws/src/cartographer_ros/cartographer_ros/launch

```
<launch>
   <param name="/use_sim_time" value="false" />

 <!-- <param name="robot_description"
    textfile="$(find cartographer_ros)/urdf/backpack_2d.urdf" />-->

 <!--<node name="robot_state_publisher" pkg="robot_state_publisher"
    type="robot_state_publisher" />-->

  <node name="cartographer_node" pkg="cartographer_ros"
      type="cartographer_node" args="
          -configuration_directory $(find cartographer_ros)/configuration_files
          -configuration_basename my_robot_2d.lua"
      output="screen">
    <remap from="scan" to="scan" />
  </node>

  <node name="cartographer_occupancy_grid_node" pkg="cartographer_ros"
      type="cartographer_occupancy_grid_node" args="-resolution 0.05" />

  <node name="rviz" pkg="rviz" type="rviz" required="true"
      args="-d $(find cartographer_ros)/configuration_files/demo_2d.rviz" />
</launch>
```

图 5-20　my_robot_2d.launch 文件

(4) my_robot.launch。

文件功能：用实际机器人建图(使用激光雷达和 IMU 数据)，具体参数配置如图 5-21 所示。

(5) carto_with_imu.launch。

文件功能：启动机器人底盘，发布相应坐标变换，具体参数配置如图 5-22 所示。

图 5-21　my_robot.launch 文件

图 5-22　carto_with_imu.launch 文件

5.3.3　Cartographer 建图仿真

谷歌给 Cartographer 开源了一些官方 demo，可以直接下载进行测试。下面是一个 2D SLAM 的仿真 demo，具体步骤如下。

使用下述命令下载并运行 demo：

```
$ wget -P ~/Downloads https://storage.googleapis.com/cartographer-public-data/
bags/backpack_2d/b2-2016-04-05-14-44-52.bag
  $ roslaunch cartographer_ros offline_backpack_2d.launch bag_filenames:=
${HOME}/Downloads/ b2-2016-04-05-14-44-52.bag
```

其中，offline_backpack_2d.launch 文件为功能包默认配置启动文件，无须修改。最终仿真建图效果如图 5-23 所示。

图 5-23　Cartographer 2D SLAM demo 的运行效果

图 5-23 为通过 Cartographer 建立的大尺寸地图（200m × 250m），仅仅依靠了激光雷达传感器。

5.4　Hector-slam

5.4.1　Hector-slam 功能包

Hector-slam 功能包使用的是高斯-牛顿法，不需要里程计辅助，只依靠激光数据便可实现定位建图。Hector-slam 的安装通过执行如下安装命令即可完成，结果如图 5-24 所示。

```
$ sudo apt-get install ros-melodic-hector-slam
```

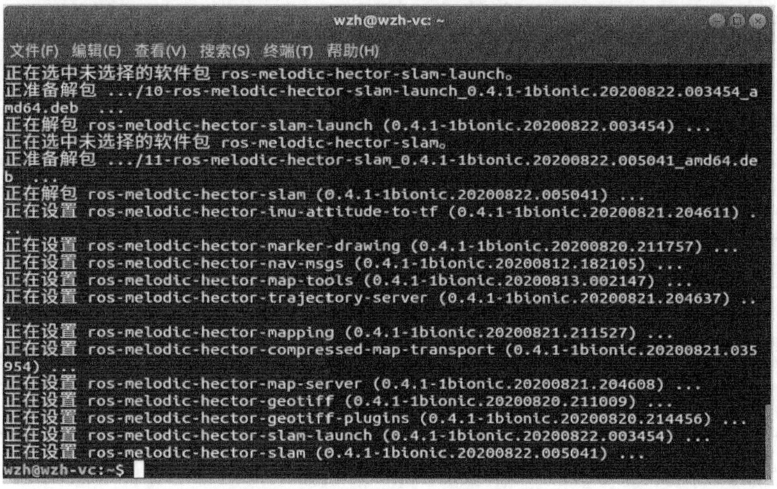

图 5-24　Hector-slam 下载安装

5.4.2　Hector-slam 的节点配置与运行

本节从 Hector-slam 所提供的主题与服务、一些可配置的参数及其所提供的 TF 坐标变换这三个主要的方面来解析 Hector-slam 功能包里的关键节点 Hector_mapping。

(1)主题与服务，见表 5-4。

表 5-4　Hector_mapping 节点中的主题与服务

功能	名称	类型	描述
主题订阅	syscommand	std_msgs/String	系统命令为 reset 时，地图和机器人姿态重置为初始状态
	scan	sensor_msgs/LaserScan	激光扫描数据
主题发布	map_metadata	nav_msgs/MapMetaData	地图 Meta 数据
	map	OccupancyGrid	地图栅格数据
	poseupdate	geometry_msgs/PoseWithCovarianceStamped	机器人位姿估计(高斯不确定性估计)
	slam_out_pose	geometry_msgs/PoseStamped	机器人位姿估计(没有协方差数据)
服务	dynamic_map	nav_msgs/GetMap	获取地图数据

(2)可供配置的参数，见表 5-5。

表 5-5　Hector_mapping 中可供配置的参数列表

参数	类型	默认值	描述
~base_frame	string	base_link	机器人基坐标系
~map_frame	string	map	地图坐标系
~odom_frame	string	odom	里程计坐标系
~map_resolution	double	0.025(m)	地图分辨率
~map_size	int	1024	地图的大小
~map_start_x	double	0.5	/map 的原点 (0.0,1.0)在 x 轴上相对于网络地图的位置
~map_start_y	double	0.5	/map 的原点 (0.0,1.0)在 y 轴上相对于网络地图的位置
~laser_min_dist	double	0.4(m)	激光扫描点的最小距离，小于此值的扫描点将被忽略
~laser_max_dist	double	30.0(m)	激光扫描点的最大距离，大于此值的扫描点将被忽略
~laser_z_min_value	double	−1.0(m)	相对于激光雷达的最小高度，小于此值的扫描点将被忽略
~laser_z_max_value	double	1.0(m)	相对于激光雷达的最大高度，大于此值的扫描点将被忽略
~update_factor_free	double	0.4	用于更新空闲单元的地图，范围是[0.0,1.0]
~update_factor_occupide	double	0.9	用于更新被占用单元的地图，范围是[0.0,1.0]
~map_update_distance_thresh	double	0.4(m)	地图更新的阈值，直行距离达到该参数值后再次刷新
~map_update_angle_thresh	double	0.9(rad)	地图更新的阈值，旋转达到该参数值后再次刷新

续表

参数	类型	默认值	描述
~map_pub_period	double	2.0	地图发布周期
~map_multi_res_levels	int	3	地图多分辨率网格级数
~pub_map_odom_transform	bool	true	是否发布 map 与 odom 之间的坐标变换
~output_timing	bool	false	通过 ROS_INFO 处理每个激光扫描的输出时序信息
~scan_subcriber_queue_size	int	5	扫描订阅者的队列大小
~pub_map_scanmatch_transform	bool	true	是否发布 scanmatch 与 map 的坐标变换
~tf_map_scanmatch_transform_frame_name	string	scanmatch_frame	发布 scanmatch 到 map 坐标的映射名称

(3)TF 坐标变换，见表 5-6。

表 5-6　Hector_mapping 提供的 TF 坐标变换

功能	TF 坐标变换	描述
必需的 TF 坐标变换	<scan frame> → base_link	激光雷达坐标系与基坐标系的坐标变换
发布的 TF 坐标变换	map → odom	地图坐标系与机器人里程计坐标系的坐标变换

　　由于已经在 ROS 中安装好了 Hector-slam，只要开启 ros-master，便可以启动相关节点并配置相关参数，再配置表 5-5 所述的接口参数，在订阅相关的主题后便可以调用这个功能包实现 SLAM 功能。首先在 turtlebot3_slam/launch/路径下创建一个名为 turtlebot3_hector.launch 的 launch 文件，用来启动节点并配置节点参数，然后在 turtlebot3_slam/launch/路径下创建一个名为 turtlebot3_slam.launch 的 launch 文件用于调用 turtlebot3_hector.launch 文件启动 Hector_mapping 节点并启动 RViz 界面。

　　(4)turtlebot3_hector.launch 文件代码内容：

```
<launch>
  <!--节点参数-->
  <arg name="model" default="$(env TURTLEBOT3_MODEL)" doc="model type [burger,
waffle, waffle_pi]"/>
  <arg name="configuration_basename" default="turtlebot3_lds_2d.lua"/>
  <arg name="odom_frame" default="odom"/>
  <arg name="base_frame" default="base_footprint"/>
  <arg name="scan_subscriber_queue_size"default="5"/>
  <arg name="scan_topic" default="scan"/>
  <arg name="map_size"default="2048"/>
  <arg name="pub_map_odom_transform" default="true"/>
  <arg name="tf_map_scanmatch_transform_frame_name" default="scanmatcher_
frame"/>
```

```xml
<!--Hector_mapping 启动节点-->
<node pkg="hector_mapping" type="hector_mapping" name="hector_mapping"
output="screen">
    <!--Frame names-->
    <param name="map_frame" value="map"/>
    <param name="odom_frame" value="$(arg odom_frame)"/>
    <param name="base_frame" value="$(arg base_frame)"/>

    <!--TF 坐标变换-->
    <param name="use_tf_scan_transformation" value="true"/>
    <param name="use_tf_pose_start_estimate" value="false"/>
    <param name="pub_map_scanmatch_transform" value="true"/>
    <param name="pub_map_odom_transform" value="$(arg pub_map_odom_transform)"
/>
    <param name="tf_map_scanmatch_transform_frame_name" value="$(arg tf_
map_scanmatch_transform_frame_name)"/>

    <!--地图初始化配置-->
    <param name="map_resolution" value="0.050"/>
    <param name="map_size" value="$(arg map_size)"/>
    <param name="map_start_x" value="0.5"/>
    <param name="map_start_y" value="0.5"/>
    <param name="map_multi_res_levels" value="2"/>

    <!--地图更新参数-->
    <param name="update_factor_free" value="0.4"/>
    <param name="update_factor_occupied" value="0.9"/>
    <param name="map_update_distance_thresh" value="0.1"/>
    <param name="map_update_angle_thresh" value="0.04"/>
    <param name="map_pub_period" value="2"/>
    <param name="laser_z_min_value" value="-0.1"/>
    <param name="laser_z_max_value" value="0.1"/>
    <param name="laser_min_dist" value="0.12"/>
    <param name="laser_max_dist" value="3.5"/>

    <!--订阅参数配置 -->
    <param name="advertise_map_service" value="true"/>
    <param name="scan_subscriber_queue_size" value="$(arg scan_subscriber_
queue_size)"/>
    <param name="scan_topic" value="$(arg scan_topic)"/>

    <!--调试参数-->
```

```
   <!--
     <param name="output_timing" value="false"/>
     <param name="pub_drawings" value="true"/>
     <param name="pub_debug_output" value="true"/>
   -->
   </node>
</launch>
```

(5)turtlebot3_slam.launch 文件代码内容与 5.2 节中保持一致，区别就是在输入启动命令时 SLAM 算法参数输入为 hector，文件内容如下：

```
launch>
    <!--节点参数-->
    <arg name="model" default="$(env TURTLEBOT3_MODEL)" doc="model type
[burger, waffle, waffle_pi]"/>
    <arg name="slam_methods" default="gmapping" doc="slam type [gmapping,
cartographer, hector, karto, frontier_exploration]"/>
    <arg name="configuration_basename" default="turtlebot3_lds_2d.lua"/>
    <arg name="open_rviz" default="true"/>

    <!--机器人 turtlebot3-->
    <include file="$(find turtlebot3_bringup)/launch/turtlebot3_remote.launch">
    <arg name="model" value="$(arg model)"/>
    </include>

    <!--SLAM启动节点: Gmapping, Cartographer, Hector, Karto, Frontie r_ exploration,
RTAB-Map-->
    <include file="$(find turtlebot3_slam)/launch/turtlebot3_$(arg slam_methods).
launch">
      <arg name="model"value="$(arg model)"/>
      <arg name="configuration_basename" value="$(arg configuration_basename)"/>
    </include>

    <!--rviz 启动节点-->
    <group if="$(arg open_rviz)">
      <node pkg="rviz"type="rviz" name="rviz"required="true"
         args="-d $(find turtlebot3_slam)/rviz/turtlebot3_$(arg slam_methods).
rviz"/>
    </group>
  </launch>
```

5.4.3　Hector-slam 建图仿真

本节用 5.2.4 节的仿真环境来测试 Hector-slam 功能包的建图效果。仿真环境的搭建如

图 5-25 所示。

　　(1)启动并运行仿真环境：

```
$ roslaunch turtlebot3_gazebo turtlebot3_world.launch
```

启动键盘控制节点：

```
$ roslaunch turtlebot3_teleop turtlebot3_teleop_key.launch
```

　　(2)启动 Hector-slam 建图节点启动，如图 5-26 所示。

```
$ roslaunch turtlebot3_slam turtlebot3_slam.launch slam_methods:=hector
```

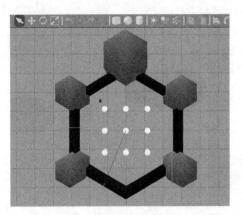

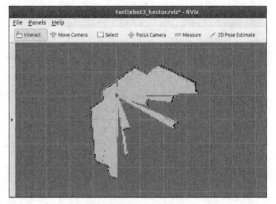

图 5-25　Hector-slam 仿真环境　　　　　　　图 5-26　Hector-slam 启动后 RViz 的画面

　　(3)通过键盘输入控制蓝色小机器人进行移动，获取建图结果，如图 5-27 所示。

　　图 5-27 是利用 Hector-slam 建图最终建图效果相对较好的一张地图，该图与 5.2 节中 Gmapping 建图相比较可以看出，在同等机器人模型和有关配置条件下，在单圈仿真环境中测试使用时 Hector-slam 和 Gmapping 算法建图效果相差不大。

　　就稳定性而言，Hector-slam 建图效果也不如 5.2.4 节介绍的 Gmapping 建图效果，如图 5-28 所示。

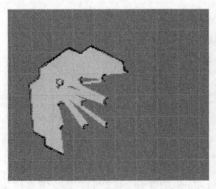

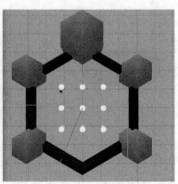

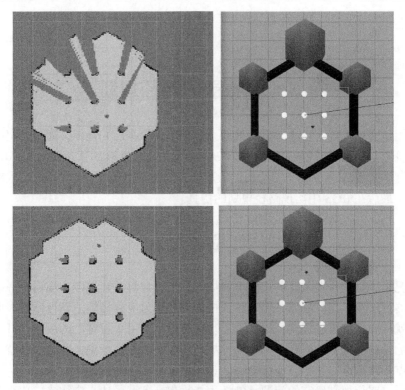

图 5-27　机器人绕行一圈建图效果

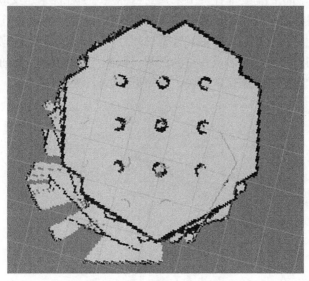

图 5-28　Hector-slam 建图效果

　　观察建图结果不难发现，Hector-slam 建图效果要差于带有里程计信息建图的 Gmapping 功能包。这是因为没有里程计信息，机器人在同一个路径多次绕行时容易产生较大的建图误差，更容易产生回环检测失败，导致在同一地点产生地图叠加、扭曲的现象，这些缺陷需要高性能的激光雷达来改善。

第6章 机器人路径规划

路径规划是实现机器人自主导航的最后一个环节,根据已知地图,通过一定的算法即可实现移动机器人的路径规划(对于地图未知的环境,可通过第5章介绍的 SLAM 技术以获取周围环境的地图)。本章将先介绍机器人路径规划的基本概念,再讲述机器人路径规划的理论实现,最后在 ROS 中实现路径规划的仿真。

6.1 路径规划概述

通常情况下,移动机器人要到达某个目标点,需通过算法在地图上规划出一条路径,用于连接机器人所在点与目标点,使得移动机器人快速且无碰撞地到达到目标点。而找出该路径的算法就称为导航算法或路径规划算法。路径规划是一个很宽泛的概念,日常的生活出行、地铁的布局、船舶的航线,都在路径规划的范畴。通俗地说,路径规划就是计算出一条从起始点到目标点的路径,让移动物体(机器人)可以移动过去。

换句话说,路径规划研究的问题是怎样才能找出一条路径让一个物体成功移动到目标点。以人自身为例,当我们需要前往一个未知的目标点时,往往第一反应是先利用地图软件规划出一条到达目标点全局路径,再按照距离远近选择交通工具;这个全局路径好坏的评价指标往往是到达目标点的距离最短或者是时间最短。图 6-1 是利用车载 GPS 做全局路径规划的示意图,当我们确定起始点和目标点时,软件自动按照相应评价指标为我们规划出一条指向目标点的路线,根据这条路线,就知道该如何前往目标点。

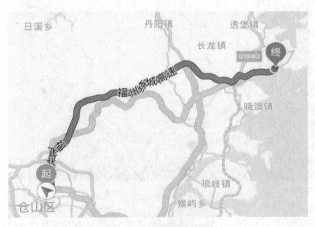

图 6-1　全局路径规划

有了这条路径后,便可选择不同的出行方式前往目标点,大多数人觉得路径规划到这里就结束了,但事实并非如此,几个很重要的事忽略了。如图 6-2 所示,当我们前进的道路堵塞时，不能按照之前规划好的全局路径到达目标点了，这时候我们该怎么办？或者当我们在既定的全局路径上前进时，突然有行人或车辆的运动路线与规划的路径有冲突了该怎么办？

交通事故　　　　　　　　　　　交通堵塞

路径冲撞　　　　　　　　　　　道路维护

图 6-2　局部路径死锁、冲撞

遇到上述问题，我们的第一反应就是绕过去，与车辆、行人或其他物体可能发生路径冲突时，可以选择暂时避让，这个局部修改原定路径的过程，叫作局部的路径规划。这个过程往往容易忽视，但又极其重要，有了它的存在，我们才能尽量避免即将发生的碰撞与冲突，以保证自身的安全。

综上所述，不难看出，路径规划包含两个层次：一个是规划出从起始点到目标点的全局路径，即全局路径规划；另一个是局部路径规划，也就是在全局路径部分区域无法通过或是在行驶到某一时刻将与其他物体或行人发生路径冲突时及时调整原先的全局路径，在保证顺利到达目标点的同时，预防碰撞，保证运行安全。因此，路径规划问题就转换为全局路径规划和局部路径规划的实现问题：一个是如何按照既定的路径评价指标规划出一条可行驶的连接目标点和起始点的全局最优路径；另一个是当出现路径死锁、动态障碍物时，机器人该如何规避。

要解决这两个问题，路径规划的实现至少需要两个对应的算法，一个是全局路径规划算法，另一个是局部路径规划算法。这两个算法分别构成不同的模块，协同工作以保证移动物体(机器人)可以很好地完成从当前位置安全到达目标点的任务。

如图 6-3 所示，一个卡通小孩要从起始点到达它想去的目标点，首先需要依据它所认知到的环境地图，规划出一条到达目标点距离最近的全局路径，如图中红色轨迹所示；有了这条轨迹，小孩便要沿着这个轨迹的大方向前进，但是在前进的路途中，它可能遇到车辆、行人等不确定因素，因此它便需要依靠自己的"大脑"做局部路径规划，在全局路径大方向保持不变的基础上，动态调整自己的局部前进的路径，保证自己能够安全地到达目标点。

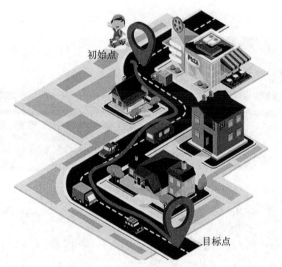

彩图6-3

图 6-3 路径规划示意图

以上就是路径规划实现的全部思想体现，这也是机器人的路径规划实现过程。机器人导航系统中也分为全局路径规划、局部路径规划两个模块，下面将分别进行介绍。

6.2 移动机器人路径规划算法

6.2.1 全局路径规划算法

全局路径规划是指根据地图信息、机器人位置信息以及给定目标位置信息进行基于全局地图的路径规划。最开始，全局路径规划算法大多以图的搜索算法为基础，主要有两种类型：深度优先搜索（Depth First Search，DFS）、广度优先搜索（Breadth First Search，BFS）。深度优先搜索算法所需内存相对较少，但其要遍历完所有路径才能找到最优路径。广度优先搜索算法虽能直接找到最优路径，但其所需内存较大，适用于深度较小的图。后来，研究者又提出了启发式搜索算法，大大提高了求解最优路径的效率，其中以 A^* 寻路算法为经典算法。

为方便理解，先介绍以图为基础的搜索算法。把地图划分为节点，根据到达节点的顺序来规划路径。图 6-4 所示为地图简化后的节点图，节点之间对应的路程数据存储在相应的数组中。然后，在起始点至目标点的任一条路径上，将其上的节点间路程之和称为该路径的代价值，最优路径规划算法的目的是找出具有最小代价值的路径，该路径即为路径规划算法的目标路径。

深度优先搜索算法与广度优先搜索算法作为最早的路径寻优算法，都属于单源最短路径算法，其核心思想都是遍历目标点路径来找出最优路径。两者不同的是搜索规则不同，但都是属于有序无方向的搜索。

以图 6-4 为例，A 点为起始点，M 点为目标点。深度优先搜索算法会以 A 点为起始点，选择一个方向开始遍历，直至其没有子节点，才回到上一个节点换个方向继续遍历。其搜索形式如同"不撞南墙不回头"，例如，以 E 点为搜索方向，其先搜索路径 A-E-J。发现走不到目标点且没有子节点，回到上一节点 E，换个方向搜索路径 A-E-K。理论上，需要遍历完所有路径，才能找出最优路径。广度优先搜索算法在应用时，不像深度优先搜索算法"一条路走到黑"，会各个方向都去尝试。例如，A 为起始点时，其周围节点 B、C、D、E、F、G 都会去尝试，其搜索进度如同以 A 为圆心进行扩散的圆，所以其又称为波浪式搜索算法。Dijkstra 算法作为广度优先搜索算法类型中较为经典的一种算法，不同于普通的波浪式搜索算法，其根据已有的各个节点之间的距离数据，采用贪心策略来遍历所有节点，对其最短路径集合进行维护与更新，以此来搜索最优路径。

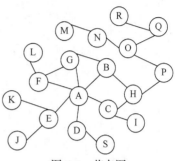

图 6-4　节点图

上述算法各有优缺点，随着研究者的不断探索，提出了启发式搜索算法。与传统的遍历算法不同的是，启发式搜索算法是指在基于经验设立的规则下，有方向性地选择节点，较大地减少了计算量，提高最优路径的搜索效率。A^* 寻路算法是启发式搜索算法中较为经典的一种算法，以距离值作为代价值，迭代过程根据贪心策略选择列表中代价值最小的节点，并设立节点间的父子级关系。因为其探索路径并非最优路径，所以在达到目标点后，需根据节点间的父子级关系回溯出最优路径。

目前，A^* 寻路算法是实现机器人全局路径规划的主流算法，是目前已知工程上最易实现且高效的最优路径规划算法。A^* 寻路算法基于二维栅格地图，可由以下数学公式描述实现：

$$f(n) = g(n) + h(n) \tag{6-1}$$

式中，可以理解为节点 n 把规划的路径分为两段，起始点至节点 n 为第一段，其代价值为 $g(n)$，节点 n 至目标点为第二段的规划路径，其代价值为 $h(n)$；第一段的代价值与第二段代价值相加就是整段规划路径的代价值 $f(n)$。A^* 寻路算法的目的就是使全局路径代价值 $f(n)$ 最小，所以算法会选择 $h(n)$ 最小的节点作为 n 节点。其中关于 $h(n)$ 的设计是关键，一般情况下可用移动距离作为代价值。如果机器人只能上下左右移动，其代价值用如下方法来设置。假定目标点的坐标为 (D_x, D_y)，节点 n 的坐标为 (N_x, N_y)，则从节点 n 出发到达目标点估计的代价值 $h(n)$ 如下，也称为曼哈顿距离。

$$h(n) = |D_x - N_x| + |D_y - N_y| \tag{6-2}$$

A^* 寻路算法通过如图 6-5 所示的流程不断迭代求解。其中 $g(n)$ 表示实际的代价值，但其 $g(n)$ 的代价值一般已固定。为了使全局路径的代价值 $f(n)$ 最小，算法会选择靠近目标点的节点作为 n 节点，这样估计代价值 $h(n)$ 减小；根据式(6-1)，全局路径的代价值 $f(n)$ 也会相应减小，这样就能够保证搜索方向始终指向目标点方向。

A^* 寻路算法包括三个列表：open 列表，为搜索过程中待搜索节点列表，其节点元素是通过该算法不断加入与移除的；close 列表，为已经选择过的节点列表（最优路径下，一

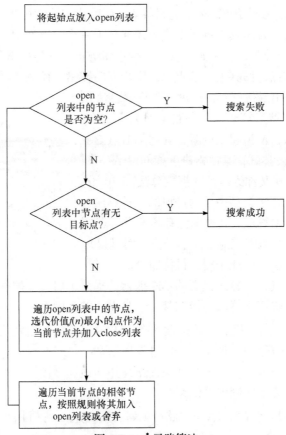

图 6-5　A^* 寻路算法

个节点的使用不会超过两次，所以不再检索）；追溯列表，为存储节点间的父子级关系的列表，在算法求解过程中，把目标点规划进 close 列表后，用该列表追溯生成最优路径。

下面对 A^* 寻路算法的有效性进行仿真验证，该算法仿真实验的第一步搜索结果如图 6-6 所示。

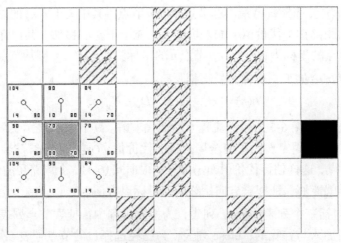

图 6-6　A^* 寻路算法的第一步搜索结果

　　其中，灰色栅格代表起始节点 S，白色栅格表示环境中的自由区域，斜纹栅格表示环境中存在的障碍物，黑色栅格表示目标点 G。$f(n)$、$g(n)$ 和 $h(n)$ 的代价值分别写入各栅格中，$f(n)$ 打印在左上角，$g(n)$ 在左下角，$h(n)$ 则在右下角。代价值设置采用的是欧氏距离，直线上相邻栅格距离为 10，斜线上相邻栅格距离为 14。

　　算法的搜索过程如下。

　　(1) A^* 寻路算法从起始节点 S 开始搜索，先将节点 S 移入 close 列表，再将节点 S 周边的节点按照遍历规则添加到 open 列表中，结果如图 6-6 所示。

　　(2) 遍历当前 open 列表中的节点，根据代价函数选取其中 $f(n)$ 值最小的节点用作当前节点，将其从 open 列表中移除，添加到 close 列表中。按照规则遍历当前节点可到达的相邻节点，遍历规则流程图如图 6-7 所示，具体为若该节点在 close 列表，说明其已经被选择过了，则不进行操作。否则，查看判断该节点是否在 open 列表中，若不在则将其加入 open

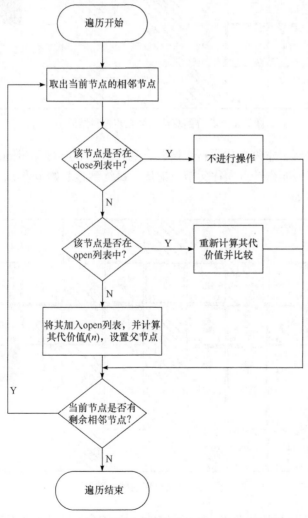

图 6-7　A^* 寻路算法的相邻节点遍历规则流程图

列表中；若已在 open 列表中，则需要重新计算该节点代价值 $f(n)$ 并与原代价值比较，比原代价值小则替换并以当前节点为父节点。

（3）遍历所有相邻节点后，选择当前 open 列表中 $f(n)$ 值最小的节点，将此节点设为当前节点，并加入 close 列表中，第二步搜索结果如图 6-8 所示。

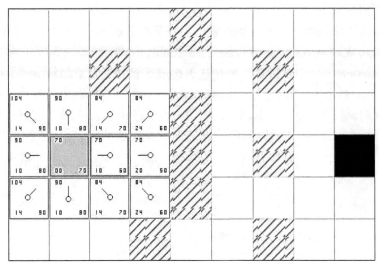

图 6-8　A^* 寻路算法的第二步搜索结果

（4）按照图 6-5 流程，重复迭代进行求解，直到将目标节点 G 添进 close 列表，随后反向从目标节点 G 逐渐按照指针方向往父节点遍历，最终到达起始节点 S，从而生成一条最短路径，如图 6-9 所示。

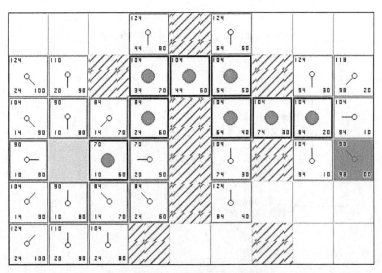

图 6-9　A^* 寻路算法的搜索结果

其中，灰色小圆圈所标记的节点构成了最终规划出的全局路径，由于利用启发函数来搜索从当前节点到目标节点的最小代价，因此一定程度上减小了搜索量，大大提高了搜索速度。

相比于传统算法毫无方向地向四周遍历搜索，A^* 寻路算法在效率上远远优于 Dijkstra 算法。

6.2.2　局部路径规划算法

局部路径规划是根据突然出现的动态障碍物进行规避的路径规划。目前主流的机器人局部路径规划算法有人工势场（Artificial Potential Field）法、轨迹展开（Trajectory Rollout）法和动态窗口法（Dynamic Windows Approaches，DWA）等。

人工势场法是视障碍物与目标点分别对机器人产生斥力与引力，其根据合力的方向与大小进行运动，对目标点与所有障碍物建立引力势场，与障碍物的距离越近，斥力势场值越大。图 6-10 所示为将势场叠加后的合势场示意图，颜色越接近黄色的地方，机器人的势场值越大；颜色越接近蓝色的地方，机器人的势场值越小。但人工势场法也有较大的缺点，其在运行时需频繁地计算合力，所需计算量较大。

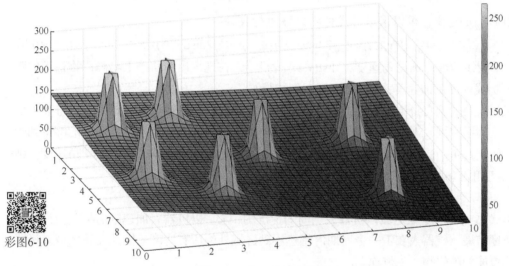

彩图6-10

图 6-10　人工势场法效果图

轨迹展开算法与 DWA 算法都是通过不断减小速度空间的搜索范围来规划预测机器人轨迹，得到下一时刻的机器人速度。两者的区别在于速度采样空间的不同，轨迹展开算法的采样空间来源于整个前向模拟阶段的速度集合，DWA 的采样空间来源于一个模拟步骤的速度集合。鉴于在实践应用中，DWA 算法更为保守，不会碰撞到障碍物，下面以 DWA 算法为例进行讲解。

DWA 算法的整个搜索空间如图 6-11 所示，在该坐标系中，横坐标为角速度，纵坐标为线速度，V_s 代表机器人运动速度限制，其大小由机器人电机的运动特性决定，在线速度上的单位为厘米每秒（cm/s），在角速度上的单位是度每秒（（°）/s）。深灰色区域代表不允许的速度空间（这是因为如果按照该区域所代表的速度驱动机器人运动，势必会发生碰撞），白色区域 V_a 代表机器人允许的速度空间（机器人在此区域内运动不会发生碰撞和紧急转弯现象），V_d 代表机器人下一时刻能达到的速度空间（表示机器人在当前速度和自身加速度、线速度约束下，下一时刻能够达到的速度空间），V_r 代表机器人动力学区域（机器人在当前状态下能执行的速度空间，即机器人在 V_s、V_a、V_d 三种速度约束下可以执行的速度集合）。

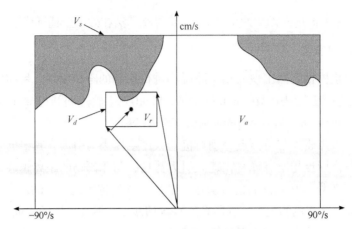

图 6-11　DWA 算法的整个搜索空间

根据 V_a 的定义，可以采用公式对 V_a 区域进行表示：

$$V_a = \{(v,\omega) \,|\, v \leqslant \sqrt{2\mathrm{dist}(v,\omega)\cdot a_v},\ \omega \leqslant \sqrt{2\mathrm{dist}(v,\omega)\cdot a_\omega}\} \tag{6-3}$$

式中，v 为线速度；ω 为角速度；$\mathrm{dist}(v,\omega)$ 为机器人在规划出的轨迹上与障碍物最近的距离；a_v 为线速度的加速度；a_ω 为角速度的加速度。

机器人会受到自身电机特性的约束，使得其加速度会限定在一定的范围内，进而可以将速度空间限定到 V_d 所代表的区域内，该区域内仅包括了下一个周期内机器人能够达到的速度。假定 t 为一个周期，且 v_a 为机器人当前的线速度，v_ω 为机器人当前旋转角速度，则 V_d 区域可用式(6-4)进行表示：

$$V_d = \{(v,\omega) \,|\, v \in [v_a - a_v \cdot t, v_a + a_v \cdot t],\ \omega \in [v_\omega - a_\omega \cdot t, v_\omega + a_\omega \cdot t]\} \tag{6-4}$$

由式(6-4)可知，该区域以机器人当前的速度为中心，以机器人加速度的物理允许范围实现速度扩展，机器人在下一个周期内将达不到区域外的所有速度，因此在该区域外机器人是不可能和障碍物产生碰撞的。

有了 V_s、V_a、V_d 三个速度空间限制后，只需要保证机器人的速度空间在三者的交集内，机器人便不会发生碰撞，V_r 就是三个空间的交集。

综上，DWA 算法需要通过不断减小速度空间的搜索范围来得到下一时刻机器人的无碰撞速度，包括以下三个步骤。

(1)获得搜索空间。由于机器人轨迹是由机器人当前线速度和旋转角速度对 (v,ω) 确定的唯一运动轨迹，所以可以通过线速度与角速度的搜索空间来计算预测机器人轨迹。通常把机器人自身线速度范围和角速度范围设置为搜索空间。

(2)计算允许速度。DWA 算法不但需要确保机器人和障碍物不能发生碰撞，而且应该将机器人自身具备的特定的运动特性考虑进去。若按照一个速度来驱动机器人进行运动，且能够在距离所在轨迹最近的障碍物前停止运动，则该速度就是可行的。

(3)获得动力学区域。基于机器人本身特性导致的加速度限制条件和当前速度，将下一周期内机器人可以达到的速度范围进一步缩小，进而得到了动力学区域，缩小了搜索空间。在完成上面三个步骤后，可以得到一个可允许速度空间区域 V_r，该区域将大大减小，可以用公式来表示：

$$V_r = V_s \cap V_a \cap V_d \tag{6-5}$$

为了能够在其中得到最优解，在得到速度空间区域 V_r 之后，采用设计的评价指标对其中的速度 (v, ω) 进行评价，评价函数可选取为

$$G(v, \omega) = \sigma(\alpha \cdot \text{heading}(v, \omega) + \beta \cdot \text{dist}(v, \omega) + \gamma \cdot \text{velocity}(v, \omega)) \tag{6-6}$$

式中，$\text{heading}(v, \omega)$ 为机器人朝向目标点的程度，通常用角度信息来评价，如图 6-12 所示，θ 表示机器人方位与其和目标点连线之间的夹角。$\text{dist}(v, \omega)$ 为机器人在预测路径上与障碍物的最近距离，$\text{velocity}(v, \omega)$ 为移动机器人当前的运动速度，σ 用来求解上面三个决定因素的加权和，该参数能够让移动机器人和障碍物间的侧向距离增大，进而提高了机器人行进的安全性。

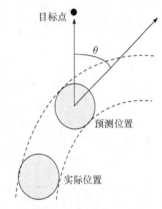

图 6-12　机器人航向夹角值

在移动机器人行进过程中，方位角将不断发生改变，因此需要基于其预测位置来得到 θ 值。为了能够得出机器人下一时刻的预测位置，需要假定机器人在下一周期内严格根据预计速度来行进。

综上，全局路径规划算法与局部路径规划算法相辅相成，互相弥补缺点。机器人需要同时运用上述的两种算法，才能使它快速准确地达到目标点，同时对路径上的突变状况进行处理。

6.3　路径规划功能包

在 5.2～5.4 节已讲述了如何使用多个功能包去构建地图，接下来我们在所构建的地图上进行路径规划功能的测试。

6.3.1　路径规划框架

机器人路径规划的实现，除了需要计算出一条完整的路径之外，还需要机器人重定位消息的辅助。针对这两个要求，ROS 自带了相关功能包：move_base 与 amcl。其中 move_base 是 RosWiki 上开源的路径规划算法，amcl 提供辅助路径规划的重定位功能。图 6-13 所示为 move_base 功能包下的路径规划框架，根据传感器信息与指定的目标信息完成路径规划。

整个机器人路径规划实现步骤如下：

（1）机器人通过 ROS 发布二维激光信息或三维点云信息；

（2）机器人通过 imu 数据在 ROS 中发布里程计信息；

（3）amcl 功能包发布重定位消息，即发布 map → base_link 的坐标变换；

（4）功能包依据地图、重定位、里程计信息，发布控制命令，实现自主导航。

上述路径规划步骤的具体程序实现框架如图 6-14 所示，各功能包介绍见表 6-1。

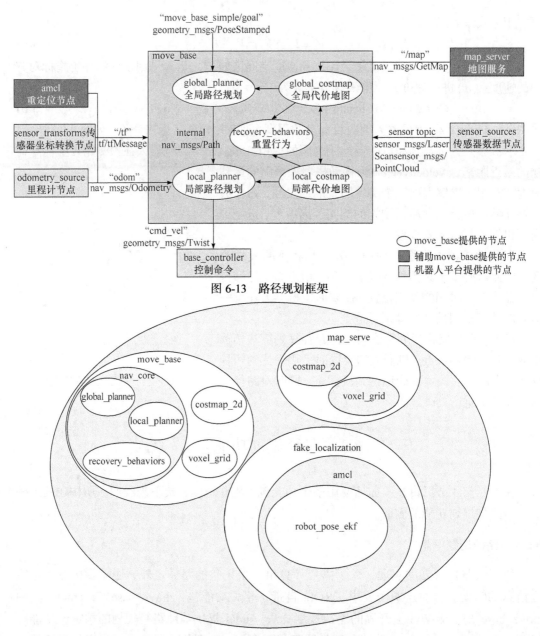

图 6-13　路径规划框架

图 6-14　路径规划程序实现框架

表 6-1　路径规划功能包介绍

名称	描述
amcl	根据里程计信息以及地图特征，通过粒子滤波进行重定位
base_local_planner	局部路径规划器
dwa_local_planner	也是局部路径规划器，使用动态窗口法
carrot_planner	简易的全局路径规划器，生成机器人到指定点的路径

续表

名称	描述
clear_costmap_recovery	无法规划路径的恢复算法
costmap_2d	代价地图实现
fake_localization	主要用来做定位仿真
global_planner	全局路径规划算法功能包
map_server	提供代价地图的管理服务
move_bas	机器人移动导航框架(导航最主要的逻辑框架)
move_slow_and_clear	也是一种恢复策略
nav_core	提供接口，能够实现插件更换算法的主要功能包
nav_fn	全局路径规划算法
robot_pose_ekf	融合多传感器数据，通过扩展卡尔曼滤波进行位置估计
rotate_recovery	旋转恢复策略实现功能包
voxel_grid	三维代价地图

机器人导航框架是一系列功能包的结合，可以通过以下命令安装，结果如图 6-15 所示。

```
$ sudo apt-get install ros-melodic-navigation
```

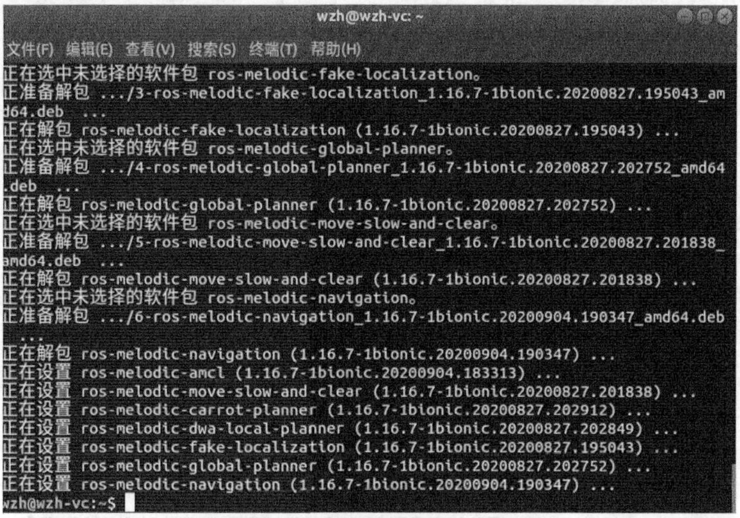

图 6-15 导航相关功能包下载

从图 6-14 可以看到，整个路径规划功能包可以分为三部分：①move_base 为实现逻辑框架，而 nav_core 这个功能包提供了 move_base 的通用参数接口，通过其来改善路径规划器的效果；②map_serve 功能包是用来管理地图数据的，可以保存动态生成的地图和加载静态地图；③fake_localization 功能包用来修正里程计信息，通过 robot_pose_ckf 提供的滤波器进行实现。

6.3.2　move_base、amcl 功能包

move_base 功能包是 ROS 提供的开源功能包,其主要包含了 6.2 节所提到的两个路径规划算法。其中局部路径规划器(local_planner)是机器人在前进过程中略微偏离总体路线或遇到障碍物时,尽量贴合原设定路径,实现近似的最优规划;全局路径规划器的核心算法就是前面提到的 A^* 寻路算法。当然,这两个算法功能都是基于代价地图运行的,因此需要配置参数文件调试出合适的代价地图,规划器才能规划出最优路径。

1)move_base 中的主题与服务

表 6-2 介绍了 move_base 功能包中主题与服务的具体作用。

表 6-2　move_base 中的主题与服务

功能	名称	类型	描述
动作订阅	move_base/goal	move_base_msgs/ MoveBaseActionGoal	指定运动规划目标
	move_base/cancel	actionlib_msgs/GoalID	取消目标
动作发布	move_base/feedback	move_base_msgs/ MoveBaseActionFeedback	反馈信息
	move_base/statue	actionlib_msgs/ GoalStatusArray	发送到 move_base 的目标信息状态
	move_base/result	move_base_msgs/ MoveBaseActionResult	内容为空
主题订阅	move_base_simple/goal	geometry_msgs/ PoseStamped	为用户提供一个其他数据类型的控制接口
主题发布	cmd_vel	geometry_msgs/Twist	输出到机器人底盘的速度命令
服务	make_plan	nav_msgs/GetPlan	获取已规划的路径,但不保证执行该路径规划
	clear_unknow_space	std_srvs/Empty	清除周围未检测的空间
	clear_costmaps	std_srvs/Empty	清除代价地图中的障碍信息,这可能使机器人撞上障碍物,慎用

2)amcl 中的主题与服务

表 6-3 介绍了 amcl 功能包中主题与服务的具体作用。

表 6-3　amcl 中的主题与服务

功能	名称	类型	描述
主题订阅	Scan	sensor_msgs/LaserScan	激光雷达数据
	tf	tf/tfMessage	坐标变换信息
	initialpose	geometry_msgs/ PoseWithCovarianceStamped	初始化粒子滤波器
	map	nav_msgs/OccupancyGrid	amcl 订阅此主题以获取地图数据,用于重定位

续表

功能	名称	类型	描述
主题发布	amcl_pose	geometry_msgs/ PoseWithCovarianceStamped	机器人的位姿估计
	particlecloud	geometry_msgs/PoseArray	粒子滤波器维护的位姿估计集合
	tf	tf/tfMessage	发布 odom 到 map 的转换
服务	global_localization	std_srvs/Empty	初始化全局定位
	request_nomotion_update	std_srvs/Empty	发布更新粒子
服务调用	static_map	nav_msgs/GetMap	获取地图数据

两个功能包的参数众多不再一一罗列，在下面使用两个功能包的配置文件和启动文件时，将会交代一些常用参数的说明。

6.4　代价地图的配置

为了使 move_base 功能包应用于不同类型的机器人，ROS 官方提供了一些配置接口的文件，用于参数调试。下面以 ROS 官方开源的 turtlebot3 为例讲解这些文件，其主要分为三类：通用配置文件、全局规划配置文件、局布规划配置文件。

1）通用配置文件

通用配置文件名为 costmap_common_params_burger.yaml，通常是用来配置机器人的硬件参数的，如机器人的尺寸、障碍物的高度范围等通用数据，其内容主要如下：

```
obstacle_range: 3.0    #用于设置检测障碍物的最大距离，在此设为 3.0
raytrace_range: 3.5    #用来清除障碍物的最大范围，以 3.5 为例，清除机器人 3.5m 范围外
                         的障碍物信息
footprint:[[-0.105,-0.105],[-0.105,0.105],[0.041,0.105],[0.041,-0.105]]
#设置机器人在地图上的大小，以机器人中心为原点设置
#robot_radius: 0.105          #若机器人为圆形，则需要通过 robot_radius 设置半径

inflation_radius: 1.0        #膨胀半径，为机器人与障碍物的安全距离
cost_scaling_factor: 3.0     #代价地图的比例因子，其越大，代价值越小

map_type: costmap           #地图类型
observation_sources: scan   #定义一个传感器信息列表，此处定义了一个名为 scan 的
                              传感器
scan: {sensor_frame: base_scan, data_type: LaserScan, topic: scan, marking:
true, clearing: true}
#对命名的传感器进行参数配置，配置其数据类型、订阅主题等信息。
```

上述代码中，已列出了 costmap_common_params_burger.yaml 所必要的参数及其效果说明。该文件描述了机器人的底盘尺寸、代价值计算参数信息等，还定义了一个名为 scan 的数据结构，其类型为激光数据类型，数据来源于 scan 主题。

2）全局规划配置文件

global_costmap_params.yaml 用于配置全局代价地图参数，其代码与注释如下：

```
global_costmap:
  global_frame: map                        #表示代价地图运行在哪个参考坐标系下
  robot_base_frame: base_footprint         #定义了代价地图参考的机器人坐标系

  update_frequency: 10.0                    #代价地图更新频率，单位 Hz
  publish_frequency: 10.0                   #代价地图发布频率，单位 Hz
  transform_tolerance: 0.5                  #等待坐标发布信息的超时时间

  static_map: true#是否使用已建模的地图
```

3）局部规划配置文件

local_costmap_params.yaml 与 global_costmap_params.yaml 类似，不同的是其配置的是局部代价地图的参数，其代码与注释如下：

```
local_costmap:
  global_frame: odom                       #表示代价地图运行在哪个参考坐标系下
  robot_base_frame: base_footprint#代价地图可以参考的机器人本体坐标系

  update_frequency: 10.0                    #局部代价地图更新频率，单位 Hz
  publish_frequency: 10.0                   #代价地图发布的频率，单位 Hz
  transform_tolerance: 0.5                  #等待坐标发布信息的超时时间

  static_map: false                        #是否使用已建模的地图
  rolling_window: true                     #在机器人移动中，是否保持以机器人为中心而调整窗口
  width: 3                                 #地图长度，单位 m
  height: 3                                #地图高度，单位 m
  resolution: 0.05                         #地图分辨率，单位：m/单元格
```

6.5　局部规划器的配置

局部规划器根据机器人的运动特性(最大线速度、最大线速度加速度等)设置参数接口，根据 dwa_local_planner_params_burger.yaml 进行配置，代码如下：

```
DWAPlannerROS:
  max_vel_x: 0.22     #x 方向的最大速度
  min_vel_x: -0.22    #x 方向的最小速度
```

```
max_vel_y: 0.0                          # y 方向的最大速度
min_vel_y: 0.0                          # y 方向的最小速度

max_vel_trans:  0.22                    #最大平移速度
min_vel_trans:  0.11                    #最小平移速度

max_vel_theta: 2.75                     #最大角速度
min_vel_theta: 1.37                     #最小角速度

acc_lim_x: 2.5                          #最大 x 轴加速度
acc_lim_y: 0.0                          #无 y 轴加速度
acc_lim_theta: 3.2                      #最大角加速度

#目标容差参数
xy_goal_tolerance: 0.05                 #目标位置的公差
yaw_goal_tolerance: 0.17                #目标偏航角的公差
latch_xy_goal_tolerance: false          #达到目标后是否进行旋转

#前向模拟参数
sim_time: 1.5                           #前向模拟轨迹的时间
vx_samples: 20                          #x 方向上测量时的抽样数
vy_samples: 0                           # y 方向上测量时的抽样数
vth_samples: 40                         #角速度测量时的抽样数
controller_frequency: 10.0              #控制器的频率

#轨迹评分参数
path_distance_bias: 32.0                #与给定路径接近程度的分数权重
goal_distance_bias: 20.0                #与局部目标点的接近程度的分数权重
occdist_scale: 0.02                     #偏离障碍物的分数权重
forward_point_distance: 0.325           #距离额外计分点的分数权重
stop_time_buffer: 0.2                   #机器人在碰撞发生前必须拥有的最少时间量
scaling_speed: 0.25                     #开始缩放机器人足迹时的速度的绝对值
max_scaling_factor: 0.2                 #最大缩放因子

#振荡预防参数
oscillation_reset_dist: 0.05            #机器人运动多远距离才会重置振荡标记

#调试参数
```

```
publish_traj_pc : true          #将规划的轨迹在 rviz 上进行可视化
publish_cost_grid_pc: true      #将代价值进行可视化
```

在该 dwa_local_planner_params_burger.yaml 文件声明局部规划采用 DWA 算法，并设置算法中相关参数。

6.6　机器人路径规划功能的 Gazebo 仿真

本章最后通过调用 amcl、move_base 等功能包和相应的配置文件在仿真环境 Gazebo 中实现机器人的自主路径规划的仿真。主要步骤是：首先打开 Gazebo 仿真环境，然后启动 move_base 节点，加载已通过 Gmapping 构建的仿真环境地图，再通过 amcl 找出机器人在地图中的位置，最后设定导航目标点实现机器人的自主导航。每个步骤具体描述如下。

（1）在 src/turtlebot3-master/turtlebot3-master/turtlebot3_navigation/launch 路径下的名为 move_base.launch 的文件是用来启动 6.4 节和 6.5 节提到的参数配置文件，代码内容如下：

```
<launch>
  <!--参数-->
  <arg name="model" default="$(env TURTLEBOT3_MODEL)" doc="model type
[burger, waffle, waffle_pi]"/>
  <arg name="cmd_vel_topic" default="/cmd_vel"/>

  <arg name="odom_topic" default="odom"/>
  <arg name="move_forward_only" default="false"/>

  <!-- move_base 文件启动 -->
  <node pkg="move_base" type="move_base" respawn="false" name= "move_base"
output="screen">
    <param name="base_local_planner" value="dwa_local_planner/DWAPlannerROS "/>
    <rosparam file="$(find turtlebot3_navigation)/param/costmap_common_
params_$(arg model).yaml" command="load" ns="global_costmap"/>
    <rosparam file="$(find turtlebot3_navigation)/param/costmap_common_
params_$(arg model).yaml" command="load" ns="local_costmap"/>
    <rosparam file="$(find turtlebot3_navigation)/param/local_costmap_
params.yaml" command="load"/>
    <rosparam file="$(find turtlebot3_navigation)/param/global_costmap_
params.yaml" command="load"/>
    <rosparam file="$(find turtlebot3_navigation)/param/move_base_params.
yaml" command="load"/>
    <rosparam file="$(find turtlebot3_navigation)/param/dwa_local_
planner_params_$(arg model).yaml" command="load"/>
```

```
        <remap from="cmd_vel" to="$(arg cmd_vel_topic)"/>
        <remap from="odom" to="$(arg odom_topic)"/>
        <param name="DWAPlannerROS/min_vel_x" value="0.0" if="$(arg move_ for
ward_only)"/>
      </node>
    </launch>
```

通过 move_base.launch 文件，加载已创建好的 costmap_common_params_burger.yaml 来配置 global_costmap、local_costmap，再加载 local_costmap_params.yaml、global_costmap_params.yaml 和 dwa_local_planner_params_burger.yaml 文件。

（2）在 src/turtlebot3-master/turtlebot3-master/turtlebot3_navigation/launch 中存在着一个文件名为 turtlebot3_navigation.launch，是用来启动 move_base.launch、加载地图和导航的，代码内容如下：

```
    <launch>
    <!--参数-->
    <arg name="model" default="$(env TURTLEBOT3_MODEL)" doc="model type [burg
er, waffle, waffle_pi]"/>
    <arg name="map_file" default="$(find turtlebot3_navigation)/maps/map.
yaml"/>

    <arg name="open_rviz" default="true"/>
    <arg name="move_forward_only" default="false"/>

    <!-- turtlebot3 模型 -->
    <include file="$(find turtlebot3_bringup)/launch/turtlebot3_remote.lau
nch">
        <arg name="model" value="$(arg model)"/>
    </include>

    <!--设置地图的配置文件并加载-->
    <node pkg="map_server" name="map_server" type="map_server" args=" $(arg
map_file)"/>

    <!--运行 amcl 重定位 -->
    <include file="$(find turtlebot3_navigation)/launch/amcl.launch"/>

    <!--运行 move_base -->
    <include file="$(find turtlebot3_navigation)/launch/move_base.launch">
        <arg name="model" value="$(arg model)"/>
        <arg name="move_forward_only" value="$(arg move_forward_only)"/>
    </include>
```

```
<!--运行 rviz -->
<group if="$(arg open_rviz)">
    <node pkg="rviz" type="rviz" name="rviz" required="true"
        args="-d $(find turtlebot3_navigation)/rviz/turtlebot3_navigation.rviz"/>
</group>
</launch>
```

（3）开始路径规划仿真，运行如下命令，结果如图 6-16、图 6-17 所示。注意，小车模型有三种，分别是 burger、waffle、waffle_pi，这里以最基本的 burger 模型进行演示。

```
//开启一个终端
$    export TURTLEBOT3_MODEL=burger          //设置机器人模型
$    roslaunch turtlebot3_gazebo turtlebot3_world.launch
                                              //运行仿真环境
 //开启另一个终端
$    export TURTLEBOT3_MODEL=burger          //设置机器人模型
$    roslaunch turtlebot3_navigation turtlebot3_navigation.launch
                                              //运行导航节点，加载环境地图
```

运行 turtlebot3_navigation.launch 文件会将所建立的仿真环境地图加载出来，并在 RViz 中显示，如图 6-17 所示。同时将 amcl 估计出的机器人位姿显示在地图中，单击 RViz 中 2D Nav Goal 按钮，再移动鼠标指针至地图中，设定导航目标点，如图 6-17 红色箭头所示。完成上述操作，我们会看到机器人自起始点至目标点生成一条最优路径，紧接着机器人便开始沿着既定轨迹，一边走一边调整位姿，直至到达目标点，红色箭头消失，如图 6-18 所示。

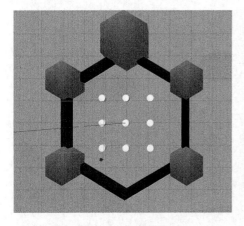　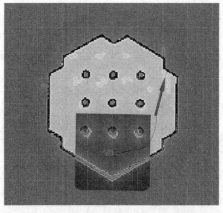

彩图6-17

图 6-16　仿真环境　　　　　图 6-17　amcl 估计出的机器人初始位置

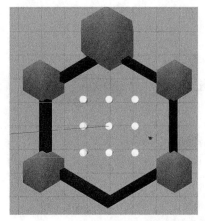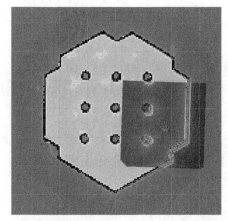

彩图6-18

图 6-18 机器人移动到目标点后在仿真环境和 RViz 地图中的位姿情况

　　此外，还可以在仿真环境中加入一些障碍物检测机器人的避障能力，此处不再细述。整个机器人自主导航环节所涉及的多个功能包中代码及各种配置文件的量极为庞大，希望读者能仔细阅读上述提到的文件中的代码，或者手动创建以加深印象。

第7章　Aibot 机器人自主导航实例

第5、6章已介绍完如何在 ROS 中实现 SLAM、路径规划的仿真，但是并没有操作实物机器人完成这些功能。本章将以 Aibot 机器人为例，介绍如何在实物机器人平台上进行自主导航，包括定位、建图与路径规划。

7.1　Aibot 机器人介绍

Aibot 机器人，如图7-1所示，采用四个麦克纳姆轮进行驱动，可以实现机器人的全向移动，同时四个车轮用于支撑机器人本体，保持平衡。

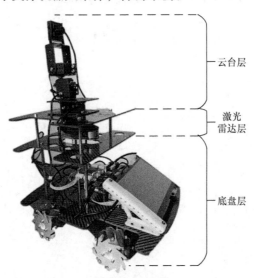

云台层

激光
雷达层

底盘层

图 7-1　Aibot 机器人

7.1.1　Aibot 机器人硬件平台

Aibot 机器人的硬件平台包含 IMU、编码器、激光雷达、云台和单目相机，且车体设计简洁、接线简单。将图7-1所示的 Aibot 机器人各部件分解开，其关系如图7-2所示。

如图7-1所示，Aibot 机器人采用三层式结构设计，分为底盘层、激光雷达层以及云台层。云台层固定了一个具有2自由度的云台，云台末端固定一个相机。下面将从下至上依次对各部件进行介绍。若开发者需要购买本章实验相关的机器人，可以通过邮箱 tangwei@nwpu.edu.cn 与作者联系。

（1）如图7-3所示，在底盘层的设计中，为使得四个麦克纳姆轮能够均匀受力，且可以在不同地势下均匀着地，底盘层的结构采用两段式设计，中间固定悬挂结构用于调整机器人的姿态。

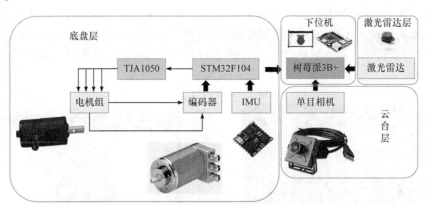

图 7-2 Aibot 硬件平台

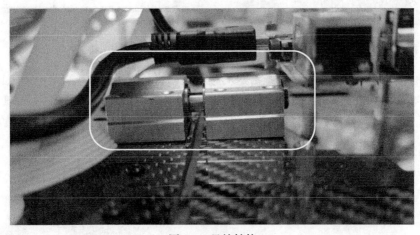

图 7-3 悬挂结构

（2）在底盘上固定有四个直流减速电机，其减速比为 1∶20，如图 7-4 所示，电机型号为 MG513，供电电压为 12V。

直流减速电机的输出轴上装有直径为 75mm 的驱动轮，如图 7-5 所示。

图 7-4 直流减速电机

图 7-5 驱动轮

（3）树莓派如 7-6 所示，微型计算机采用树莓派 4B 的 4GB 版本，用于搭载 Ubuntu18.04 版本 Linux，并在其上安装 Melodic 版本 ROS。该版本树莓派搭载 64 位四核处理器，单核频率高达 1.5GHz，支持 Wi-Fi、Bluetooth 5.0、BLE 和双 Micro HDMI 信号输出与连接，支持 4K（分辨率）60Hz 频率的 HDMI 信号输出，同时具有两个 USB 3.0 和两个 USB 2.0 接口。

（4）如图 7-7 所示，树莓派外接一块 7 英寸①的 LCD 显示器，屏幕带有触摸功能，使得操作更加方便。

　　　　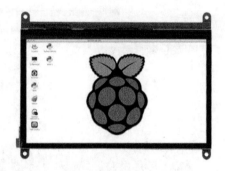

图 7-6　树莓派 4B 微型计算机　　　　　　图 7-7　树莓派显示器

（5）中间一层是激光雷达层，激光雷达的型号为思岚科技出品的 RPLIDAR A1 激光雷达，如图 7-8 所示。其测量半径最高可达 12m，采样率为 8kHz，扫描频率为 5.5Hz。

（6）最上层为云台层，该云台具有 2 自由度，可以将摄像头对准至指定的位置。云台上固定有一个摄像头，如图 7-9 所示。

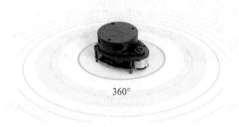　　　　

图 7-8　RPLIDAR A1 激光雷达　　　　　　图 7-9　单目相机

7.1.2　Aibot 机器人电路设计

Aibot 电路主要由微控单元（MCU）和外围驱动电路组成，如图 7-10 所示，分为 MCU、电源模块、驱动模块、通信模块。Aibot 电路需要完成电机驱动和编码器、IMU 的数据采集，同时需要和上位机通信，以及控制云台，电路驱动芯片 MCU 采用单片机 STM32F407ZET6。

---

① 1 英寸=2.54 厘米。

1)电源模块设计

由外部锂电池作为供电电源，锂电池的输出电压为 12V。在不同的模块中，通常需要不同电压的电源供应，通过变压电路实现多级变压，如图 7-11 所示。

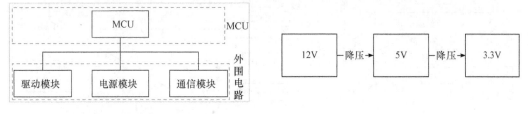

图 7-10　Aibot 电路结构　　　　　　　　　图 7-11　降压流程

2)驱动模块设计

驱动模块的主要任务是控制电机的转动，使电机按照 MCU 期望的速度运行。电机的控制采用驱动芯片 TB6612FNG 完成。一个芯片可以控制两路电机，其中一路的电机驱动电路原理图如图 7-12 所示。电机的编码器信号可直接接入 STM32F407ZET6 进行处理。

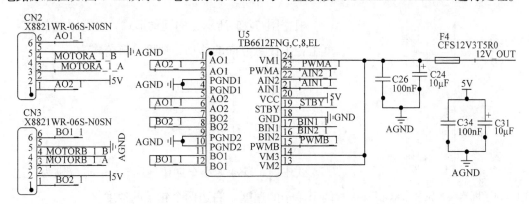

图 7-12　电机驱动电路原理图

3) 通信模块设计

底层驱动芯片需要将与电机、编码器有关的数据以及 IMU 捕获的数据发送到树莓派端，同时需要接收树莓派发出的速度控制命令。底层驱动和上位机之间采用串口通信，选择 CH340E 作为 USB 转串口的芯片，其外围电路结构较为简单，方便设计。

7.1.3　Aibot 机器人底层运动控制程序

Aibot 机器人底层程序需要完成与上位机之间通信、驱动轮速度控制、舵机控制等，Aibot 的程序框架如图 7-13 所示。

图 7-13 所示的程序框架中，重点是速度控制。图 7-14 所示的是机器人车轮分布，驱动轮以两个为一组使用，两个左轮保持同一转速，两个右轮保持同一转速，左轮和右轮对称。

在四个轮子不同的速度控制下，可以实现不同方向的移动，如果给定每个轮子的速率相同，那么机器人的运动形式可以有如图 7-15 所示的几种。

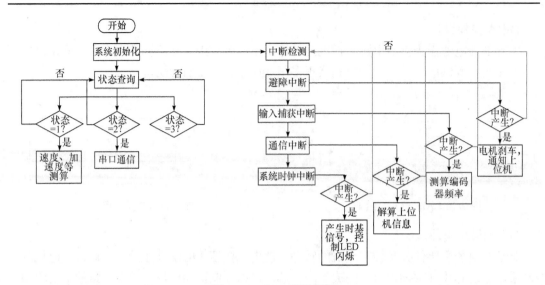

图 7-13　Aibot 程序框架

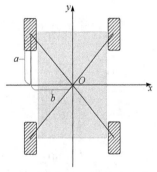

图 7-14　机器人车轮分布示意图

根据图 7-15 所示，的运动形式，可以用左右轮速度组合出任意方向的移动，速度分解公式为

$$\begin{cases} v = \dfrac{v_l + v_r}{2} \\ \omega = \dfrac{v_l - v_r}{2} \end{cases} \tag{7-1}$$

式中，v 与 ω 为小车期望速度；v_l、v_r 分别为左边两个轮子的速度、右边两个轮子的速度。

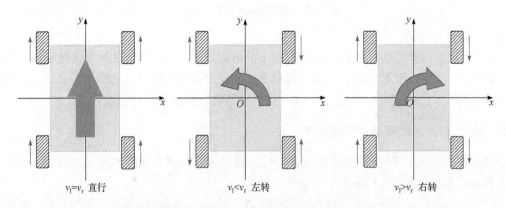

图 7-15　四轮移动机器人的主要运动形式

7.2　多传感器融合定位

Aibot 机器人采用 IMU 和里程计两个传感器相互融合，以获取小车同初始位置相比移动的位置信息。在获取到当前时刻的机器人移动位置信息后，激光雷达会扫描障碍物的信息，以激光雷达和里程计信息作为 SLAM 算法的输入信息，进行建图与定位，下面介绍其具体实现。

7.2.1　融合框架

要实现激光雷达 SLAM，机器人至少需要两个传感器，一个是里程计，另一个是激光雷达。一般里程计指的是用于实现机器人航迹推算的模块，Aibot 中里程计指的是光电编码器。上位机(树莓派)通过解读差动轮上的光电编码器(光电编码器主要有绝对式、增量式两种，Aibot 选用的是增量式编码器)脉冲数据获取机器人的定位。里程计与激光雷达这两种传感器的融合建图必然会带来不少误差，误差的来源主要是编码器，而编码器的误差来源主要为车轮打滑误差、编码器安装位置误差、车轮直径误差以及车身宽度误差，这些因素在短时间内不会对定位精度造成太大影响，一旦长时间工作或遇到机器人多次转体则会大幅度降低机器人的定位精度。

为降低编码器在航迹推算中的累计误差，可采用多传感器数据融合方法。主要思想是：引入惯性元器件，通过惯性元器件测得的航向、三轴加速度可以很好地减小机器人的转向误差、车轮打滑误差，虽无法消除机器人的累计误差，但能起到很好的抑制效果。惯性元器件通常选择 IMU，它能有效用于里程计的误差修正。对于 Aibot 机器人，IMU 将主要用来修正里程计的航向测量误差，其逻辑框图如图 7-16 所示。

IMU 的姿态解算、数据融合过程比较复杂，这部分工作开发商针对不同的 IMU 芯片已经开发完毕，直接使用即可。

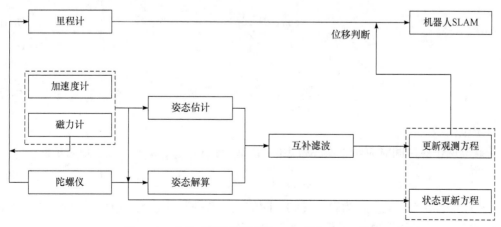

图 7-16　多传感器数据融合修正里程计误差逻辑图

7.2.2　里程计模型

Aibot 的四个轮子采用差速驱动方式，底盘依靠左右两个轮子之间的差速实现转向。车体速度为 v，车体自转角速度为 ω，转弯半径为 R，左轮速度为 v_l，右轮速度为 v_r，两轮之间距离为 D，两轮到机器人中心的距离为 d，右轮到圆心距离为 L。

差速底盘运动解析图如图 7-17 所示。

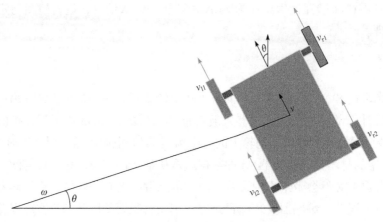

图 7-17　差速底盘运动解析图

1）速度模型

根据约束方程：

$$v = \omega R \tag{7-2}$$

$$v_l = \omega(L + D) = \omega(L + 2d) = \omega(R + d) = v + \omega d \tag{7-3}$$

$$v_r = \omega L = \omega(R - d) = v - \omega d \tag{7-4}$$

可以推出 v、ω 为

$$v = \frac{v_l + v_r}{2} \tag{7-5}$$

$$\omega = \frac{v_l - v_r}{2d} \tag{7-6}$$

式中

$$v_l = \frac{v_{l1} + v_{l2}}{2}, \quad v_r = \frac{v_{r1} + v_{r2}}{2} \tag{7-7}$$

2）定位模型

编码器两个脉冲间对应轮子实际行走的直线距离用 $k_{encoder}$ 表示，称为距离系数：

$$k_{encoder} = 2\pi r / N_{encoder} \tag{7-8}$$

式中，r 为车轮半径；$N_{encoder}$ 为轮子转动一圈的编码器的脉冲总数。单位时间 Δt 内编码器的增量 n_{inc} 为当前编码器值 n_{now} 减去上次编码器值 n_{last}：

$$n_{\text{inc}} = n_{\text{now}} - n_{\text{last}} \tag{7-9}$$

则单位时间内机器人移动的距离为

$$\Delta d = n_{\text{inc}} k_{\text{encoder}} \tag{7-10}$$

在世界坐标系下 x、y 方向累计里程分别为

$$
\begin{aligned}
x_{\text{world}} &= x_{\text{world}} + \Delta x_{\text{world}} = x_{\text{world}} + \Delta d \cos(\theta_{\text{yaw}}) \\
y_{\text{world}} &= y_{\text{world}} + \Delta y_{\text{world}} = y_{\text{world}} + \Delta d \sin(\theta_{\text{yaw}})
\end{aligned}
\tag{7-11}
$$

式中，θ_{yaw} 为航向角。但是如何通过编码器来推算机器人的航向角呢？两轮编码器单位时间内增量分别为 $n_{\text{inc\_l}}$、$n_{\text{inc\_r}}$，则单位时间内两轮行驶的距离差为

$$l_{\text{error}} = (n_{\text{inc\_l}} - n_{\text{inc\_r}}) k_{\text{encoder}} \tag{7-12}$$

由式(7-6)可得，单位时间内的角度差为

$$\Delta \theta = l_{\text{error}} / (2d) \tag{7-13}$$

则编码器累计的角度为

$$\theta_{\text{yaw}} = \theta_{\text{yaw}} + \Delta \theta \tag{7-14}$$

7.2.3　IMU 数据解算

惯性测量单元(IMU)多数由三种传感器组成，分别是加速度传感器、陀螺仪和磁力计。首先，加速度传感器可以输出机器人的三轴加速度，陀螺仪可以输出三轴角速度，磁力计能输出三轴磁力值辅助 IMU 姿态解算。然后，通过 Madgwick 算法将每个传感器解算出的姿态进行数据融合，提高系统的抗干扰能力，输出估计精度更高的姿态四元数(具体过程不再赘述)。最后通过一系列复杂的运算获取我们想要的三轴位移和欧拉角(yaw、roll、pitch)。

7.2.4　IMU 数据与里程计数据融合

IMU 数据与里程计数据融合采用扩展卡尔曼滤波算法。多传感器系统模型如下：

$$
\begin{cases}
x(k+1) = Ax(k) + Bu(k) + \varepsilon \\
y_1(k) = C_1 x(k) + \delta_1 \\
\quad\quad \vdots \\
y_n(k) = C_n x(k) + \delta_n
\end{cases}
\tag{7-15}
$$

多传感器融合涉及多个观测器和观测数据融合的问题，因此在基于卡尔曼滤波的多传感器数据融合中，系统的状态模型多数情况下只有一个，但观测方程都在两个以上，且观测的状态变量往往不相同，这也是由不同传感器获取的测量数据类型不同导致的。

扩展卡尔曼滤波算法的执行步骤在 4.7 节已有描述，这里不做详细介绍，基于扩展卡尔曼滤波算法的数据融合步骤如下：首先，利用式(7-15)所示的状态方程进行状态一步预

测，获取一步预测状态量 $\bar{x}(k)$ 和一步预测协方差矩阵 $\bar{\Sigma}(k)$；再将状态预测和状态预测协方差输入第一个传感器量测方程中，进行量测更新；然后将第一个传感器的量测更新后得到的系统估计最优状态量 $x(k)$ 及估计协方差矩阵 $\Sigma(k)$ 分别作为下一个传感器量测更新的输入，代替一步预测状态量 $\bar{x}(k)$ 和一步预测协方差矩阵 $\bar{\Sigma}(k)$，获取第二个传感器测量更新后的状态最优估计量和估计协方差矩阵，直至所有传感器的量测更新完毕，接着执行下一轮迭代。

要实现里程计和 IMU 的融合，需要弄清以下内容。

(1) 系统状态量：

$$[x, y, z, \mathrm{pitch}, \mathrm{roll}, \mathrm{yaw}]^{\mathrm{T}}$$

(2) 系统输入 ($u_1 = \Delta d$，$u_2 = \theta$)：

$$[u_1, u_2]^{\mathrm{T}}$$

(3) 系统方程：

$$\begin{cases} x(k) = x(k-1) + u_1(k)\cos(\mathrm{yaw}(k-1)) \\ y(k) = y(k-1) + u_1(k)\sin(\mathrm{yaw}(k-1)) \\ \mathrm{yaw}(k) = \mathrm{yaw}(k-1) + u_2(k) \end{cases} \tag{7-16}$$

通过主题信息分别得到轮式里程计和 IMU 的测量值、测量协方差，将这些信息输入卡尔曼滤波器中，估计出机器人相对准确的位姿。

(4) 里程计的观测状态为 $[x, y, z, \mathrm{pitch}, \mathrm{roll}, \mathrm{yaw}]^{\mathrm{T}}$，观测矩阵为

$$\begin{bmatrix} 1 & 0 & 0 & 0 & 0 & 0 \\ 0 & 1 & 0 & 0 & 0 & 0 \\ 0 & 0 & 1 & 0 & 0 & 0 \\ 0 & 0 & 0 & 1 & 0 & 0 \\ 0 & 0 & 0 & 0 & 1 & 0 \\ 0 & 0 & 0 & 0 & 0 & 1 \end{bmatrix}$$

(5) IMU 的观测状态为 $[\mathrm{pitch}, \mathrm{roll}, \mathrm{yaw}]^{\mathrm{T}}$，观测矩阵为

$$\begin{bmatrix} 0 & 0 & 0 & 1 & 0 & 0 \\ 0 & 0 & 0 & 0 & 1 & 0 \\ 0 & 0 & 0 & 0 & 0 & 1 \end{bmatrix}$$

里程计和 IMU 的融合流程如下。

步骤 1：开始监听里程计和 IMU 信息。

步骤 2：初始化系统状态量以及系统协方差矩阵，用里程计的主题信息对滤波器进行初始化。因为涉及两个传感器的融合，各个传感器的协方差需要根据传感器的特点来设为常值，协方差参考值的设定见 7.3.2 节。初始时刻，传感器数据融合系统输入的初始控制设为 $[0 \quad 0]^{\mathrm{T}}$，这是因为初始时刻小车未移动，无任何位移和角度偏移信息。

步骤 3：控制量 u_1 和 u_2 分别指的是在一个固定时间内，通过机器人左右的速度数据计算得到的移动距离和偏航角度，利用两个相邻时刻里程计主题数据的差值计算得出，结合系统上一时刻状态量以及系统协方差通过系统方程进行状态预测。

步骤 4：从里程计主题中获取定位信息，获得两时刻间机器人位置信息的变化量。若变化在正常阈值区间内，则进行状态更新，得到更新后的系统状态。若变化量不在阈值范围内，转步骤 3。

步骤 5：从 IMU 主题中获取姿态、加速度、角速度信息，获得两时刻间机器人姿态和速度信息的变化量，若变化在正常阈值区间内，则进行状态更新并作为当前时刻融合值并发布，转步骤 3。如果变化不在正常阈值区间内，则发布步骤 4 中的更新量作为融合后的信息。

7.3　Aibot 机器人的自主导航

本节将以 Aibot 机器人导航系统为例，介绍如何在差分运动的机器人平台上搭建出一台自主导航机器人。

7.3.1　Aibot 机器人导航流程

Aibot 机器人的导航模块采用了第 5 章和第 6 章分别介绍的 SLAM、路径规划技术，将它们集成到 Aibot 机器人上，实现了 Aibot 机器人的自主导航。

Aibot 机器人的自主导航框架如图 7-18 所示，由于 Aibot 面向的是室内小场景下的自主导航，所以分别选取了 gmapping、A^* 寻路算法来实现机器人的 SLAM 与路径规划。

图 7-18 中包含了 gmapping 节点和路径规划两个部分，在第 5 章和第 6 章中均采用仿真实现，不涉及任何硬件知识。对于很多读者，可能就难以理解里程计数据、激光雷达数据是怎么获取的，以及路径规划器规划出的速度是如何被机器人执行的。为找到这些问题的答案，本节将会详细介绍如何在 Aibot 平台上实现机器人的自主导航，解答在实物机器人上如何获取里程计数据、激光雷达数据，以及运动控制的实现等知识，也给开发者自主搭建移动机器人提供了参考。

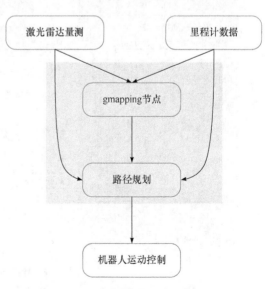

图 7-18　Aibot 机器人的自主导航框架

7.3.2　自主导航的软件实现方案

在明确 Aibot 机器人导航流程后，需要在 ROS 上编写相应的代码，创建或调动相应的节点来实现导航框架。同第 5 章和第 6 章不同的是，本章将不再采用仿真环境模拟 SLAM、路径规划过程，而是将机器人置于实际环境中进行建图定位、路径规划。因此，整个导航的软件实现流程与第 5 章和第 6 章存在一定的差异。本节将会详细描述如何在真实环境下实现机器人 SLAM、路径规划，同时阐明真实环境下的机器人 SLAM、路径规划与仿真环境下的异同之处。

对图 7-18 的导航流程进行分解、细化，可将整个导航流程拆分为通信、传感器数据处理、运动控制、建图与路径规划四大模块来实现。其中通信模块负责传感器数据获取和运动控制数据下发；传感器数据处理模块用于处理编码器、IMU 数据并融合；运动控制模块用于实现机器人的运动控制；建图与路径规划模块负责读入处理过的传感器数据，实现建图和路径规划。各模块关系如图 7-19 所示。

本节将重点讲述通信、传感器数据处理、运动控制三个模块的软件实现，建图与路径规划模块可通过改变第 5、6 章中功能包的配置来完成。注意：在不影响原理理解的前提下，以下内容仅提供一部分重要地方的代码展示和注释，其余代码、变量的定义请参阅本书提供的电子资源。

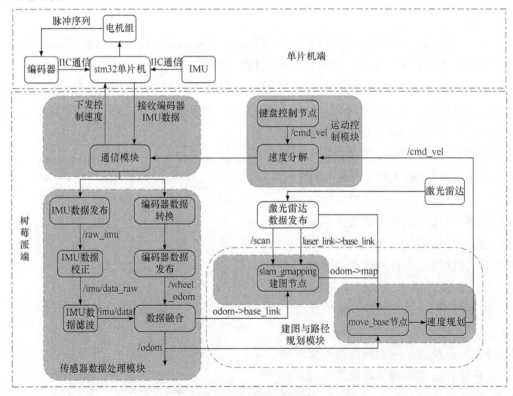

图 7-19　导航软件框架

（1）通信、传感器数据处理、运动控制三个模块所涉及的功能包和节点可统一用

bringup_ with_imu.launch 文件启动，其具体内容如下：

```
<launch>
    <node  name="mbot_bringup"  pkg="robot_bringup"  type="robot_bringup"
output="screen">
    </node>


    <node  pkg="tf"  type="static_transform_publisher"  name="base_imu_to_
base_link"
        args="0 0.0 0 0 0.0  0.0 /base_link/imu_link 40"/>


    <node pkg="aibot_imu" type="aibot_imu" name="aibot_imu" output=
"screen" respawn="false">
        <param name="imu/perform_calibration" value="true"/>
    </node>


    <node  pkg="imu_filter_madgwick"  type="imu_filter_node"  name ="imu_
filter_madgwick" output="screen" respawn="false" >
        <param name="use_mag" value="false"/>
        <param name="publish_tf" value="false"/>
    </node>


    <node  pkg="robot_pose_ekf"  type="robot_pose_ekf"  name="robot_pose_
ekf" output="screen">
        <param name="output_frame" value="odom"/>
        <param name="base_footprint_frame" value="base_link"/>
        <param name="freq" value="200.0"/>
        <param name="sensor_timeout" value="1.0"/>
        <param name="odom_used" value="true"/>
        <param name="imu_used" value="true"/>
        <param name="vo_used" value="false"/>
        <param name="debug" value="false"/>
        <remap from="odom" to="wheel_odom"/>
        <remap from="imu_data" to="imu/data"/>
    </node>


    <node pkg="robot_bringup" type="odom_ekf.py" name="odom_ekf"output="
screen">
        <remap from="input" to="robot_pose_ekf/odom_combined"/>
        <remap from="output" to="odom"/>
    </node>


    </launch>
```

在上述程序文本中，对后续将要详细介绍的功能包、代码名称进行了加粗表示，现在简单介绍加粗的节点或功能包的功能：①通过 robot_bringup 功能包，完成通信模块、运动控制模块的功能，此外这个包还发布了经过初步处理后的 IMU、编码器数据；②tf 功能包完成 imu_link 到 base_link 的静态坐标发布；③aibot_imu、imu_filter_madgwick 、robot_pose_ekf 以及 odom_ekf 节点都用于实现传感器数据处理。通过 launch 文件同时启动这些节点，可成功用软件实现通信模块、运动控制模块的功能。

(2)对于建图和路径规划模块，启动 gmapping、move_base 节点即可。第 5、6 章已有详细配置介绍，实物机器人建图与路径规划和仿真不同的地方在于：两个节点数据读入来源和与机器人相关的参数配置文件的参数。

7.3.3～7.3.6 节将详细介绍上述四个模块的软件实现，帮助开发者从零开始搭建一台能够自主导航的智能机器人。

7.3.3　通信模块的软件实现

机器人 SLAM 技术的实现需要多种不同传感器数据，也涉及多个节点的数据，稳定的通信是实现机器人 SLAM 的基础条件之一。Aibot 机器人的通信模块负责：①树莓派与单片机的通信；②激光雷达与树莓派的通信。

包括 Aibot 在内的诸多机器人中，单片机是读取编码器、IMU 原始数据和实现机器人电机驱动的主体。树莓派与单片机的通信过程，一方面需要获取 IMU、编码器原始数据用于机器人定位，另一方面要实现机器人运动控制速度的下发(机器人采用两轮差动控制模型，运动控制原理在 7.1.3 节已做详细描述)，进而实现机器人的运动控制。因此，这个通信是一个相对复杂的过程，必须在现有的通信方式上设计合理的通信协议，保证数据稳定、正确地双向传输。Aibot 机器人采用串口通信的方式实现树莓派与单片机的通信，由于通信过程包括读数据、写数据两个方面，通信协议相应地也包括树莓派读取单片机数据协议和树莓派写入单片机数据协议。

对于树莓派读取单片机数据协议，如图 7-20 所示，它包含两个起始位、一个数据长度位、N 个数据位、一个控制位，一个 CRC 位，两个停止位。

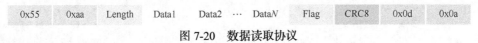

| 0x55 | 0xaa | Length | Data1 | Data2 | ⋯ | DataN | Flag | CRC8 | 0x0d | 0x0a |

图 7-20　数据读取协议

具体内容解析如下。

(1)第 1～2 位：起始位，内容为 0x55、0xaa，用于判定收到的是否为我们需要的包。

(2)第 3 位：数据长度位，此位置嵌入数据长度，即实际有用的数据位长度。

(3)第 4～28 位：数据位，内嵌有用的传感器数据，一个数据占用 2 个字符。其具体含义如图 7-21 所示。

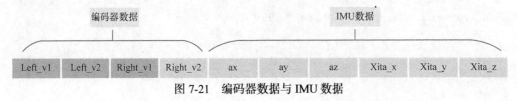

图 7-21　编码器数据与 IMU 数据

(4)第 29 位：控制位，可嵌入扩展信息。

(5)第 30 位：CRC 位，这里采取 CRC8 校验法，校验位仅占用 1 个字符长度。

(6)第 31～32 位：停止位，以 0x0d、0x0a 结尾，用于检查数据包是否完整。

对于读取过程的代码实现，需要重点注意是，接收到的数据是否完整、正确，要对读取的数据进行检查，以确保接收数据的完整性、准确性。数据检查依靠通信协议所规定的数据头、数据尾和 CRC 位来实现，具体代码如下：

```
char i, length=0;
    unsigned char checkSum;
    unsigned char buf[150]={0};        //存放读取的数据包
    //=======================================================
    //此段代码可以读数据的结尾，进而读取数据的头部
    try
    {
        boost::asio::streambuf response;
        boost::asio::read_until(sp, response, "\r\n",err);
        copy(istream_iterator<unsigned char>(istream(&response)
            >>noskipws),
        istream_iterator<unsigned char>(),buf);
    }
    catch(boost::system::system_error &err)
    {
        ROS_INFO("read_until error");
    }
    //=======================================================

    //检查信息头
    if (buf[0]!=header[0] || buf[1] !=header[1])    //buf[0] buf[1]
    {
        ROS_ERROR("Received message header error!");
        return false;
    }
    //数据长度
    length=buf[2];                         //buf[2]

    //检查信息校验值
    checkSum=getCrc8(buf,3+length); //buf[10]计算得出数据包校验位

    if (checkSum !=buf[3+length])      //buf[10]串口接收数据包中的校验位
    {
        ROS_ERROR("Received data check sum error!");
        return false;
    }
```

　　上述检查的流程为：将读取到的数据存放至 buf 数组中，先检查数据头，确认接收的数据包是单片机发送的；再检查数据尾，确认数据的完整性；最后检查 CRC 位，确定接收的数据无传送错误。这部分数据包检验代码仅仅是接收代码中的一部分，完整的数据读取程序见 robot_bringup 功能包 mbot_linux_serial.cpp 文件中的 readSpeed() 函数。

　　对于树莓派写入单片机数据协议，如图 7-22 所示，它包含两个起始位、一个数据长度位、两个数据位、一个控制位、一个 CRC 位、两个停止位。

0x55	0xaa	Length	Data1	Data2	Flag	CRC8	0x0d	0x0a

图 7-22　数据写入协议

　　具体内容解析如下。

　　(1) 第 1～2 位：起始位，内容为 0x55，0xaa，用于判定收到的是否为我们需要的包。

　　(2) 第 3 位：数据长度位，此位置嵌入数据长度，即实际有用的数据位长度。

　　(3) 第 4～5 位：数据位，第 4 位存储机器人期望的左轮控制速度，第 5 位存储机器人期望的右轮控制速度。

　　(4) 第 6 位：控制位，可嵌入扩展信息。

　　(5) 第 7 位：CRC 位，这里采取 CRC8 校验法，校验位仅占用 1 个字符长度。

　　(6) 第 8～9 位：停止位，以 0x0d、0x0a 结尾，用于检查数据包是否完整。

　　树莓派写单片机的过程相对简单，只需要给数据包定义好的各个位赋值，完成发送即可，代码如下：

```
void writeSpeed(double Left_v,double Right_v,unsigned char ctrlFlag)
{
    unsigned char buf[15]={0};              //发送数据包
    inti,length=0;
    leftVelSet.d=Left_v;                    //mm/s
    rightVelSet.d=Right_v;
    //设置消息头
    for(i=0; i<2; i++)
        buf[i]=header[i];                   //buf[0]  buf[1]
    //设置机器人左右轮速度
    length=9;
    buf[2]=length;                          //buf[2]
    for(i=0;i<4;i++)
    {
        buf[i+3]=leftVelSet.data[i];        //buf[3] buf[4] buf[5] buf[6]
        buf[i+7]=rightVelSet.data[i];       //buf[7] buf[8] buf[9] buf[10]
    }
    //预留控制命令
    buf[3+length-1]=ctrlFlag;               //buf[11]
    //设置校验值、消息尾
    buf[3+length]=getCrc8(buf,3+length);    //buf[12]
```

```
buf[3+length+1]=ender[0];                    //buf[13]
buf[3+length+2]=ender[1];                    //buf[14]
//通过串口下发数据
boost::asio::write(sp, boost::asio::buffer(buf));
}
```

需要注意的是，可用数据头、数据长度位、数据位、Flag 位的数据生成 CRC8 校验位，具体代码如下：

```
unsigned char getCrc8(unsigned char *ptr,unsigned short len)
{
    unsigned char crc;
    unsigned char i;
    crc=0;
    while(len--)
    {
        crc ^=*ptr++;
        for(i=0;i<8;i++)
        {
            if(crc&0x01)
                crc=(crc>>1)^0x8C;
            else
                crc>>=1;
        }
    }
return crc;
}
```

使用 CRC 位生成代码仅需要传入需要校验的数组数据，设置要校验的数据位数即可。例如：

```
buf[12]=getCrc8(buf,12);
```

该示例代码表示的意思是：用 buf 数据组的前 12 位数据生成 CRC 码，并将生成的校验码赋在 buf 数组的第 13 位。

依照上述收发通信协议编写的完整代码，已存放在 robot_bringup 功能包的 mbot_linux_serial.cpp 文件中，读者可自行对照阅读。编译生成的通信程序可使树莓派能读取到单片机获取的 IMU、编码器数据，也可以实现机器人控制速度的下发。

除了树莓派与单片机的通信协议，还需要关注树莓派与激光雷达通信的实现，Aibot 机器人选取的上海思岚科技公司 RPLIDAR A1 激光雷达为开发者预留了一个串口，该串口用于发送激光雷达的测量数据，因此只需要将雷达的串口与树莓派相连，采用串口通信即可。树莓派与激光雷达的通信协议开发商已经设计完毕，并封装在厂商提供的 rpliar_ros

功能包(该功能包开源,本书的配套电子材料将会提供下载链接)中,此处不再详细介绍。rpliar_ros 包在读取雷达的测量数据的同时,还将其转化成 ROS 中标准的雷达消息类型并以 scan 主题发布出去,在需要用到雷达数据的地方自行调用即可。具体地,如果需要使用雷达数据,运行 rplidar.launch 文件即可实现激光雷达数据在 ROS 中的发布。

7.3.4　传感器数据处理模块的软件实现

　　数据处理的目标是从编码器脉冲和 IMU 姿态、加速度、角速度信息中提取出机器人位置信息,并将其发布到 odom 主题中,提供给需要 odom 位置信息的建图和路径规划模块。由图 7-19 可知,传感器数据处理模块要实现编码器数据转换与发布、IMU 数据发布、IMU 数据校正、IMU 数据滤波、坐标变换发布、编码器与 IMU 数据融合在内的六项任务。通过这六项任务可获取机器人相对精确的定位信息,本节将逐一介绍每一项任务的意义以及如何通过代码实现。

　　任务一:编码器数据转换与处理。

　　通过通信模块,树莓派端能够获取到编码器和 IMU 的原始数据,然而这些原始数据可能并不是机器人所需要的消息格式,所以对原始数据信息进行格式上的转换是必不可少的。从树莓派获取的编码器测量值是单位时间内两轮的脉冲数变化量,数据处理的第一步就是把编码器的两轮脉冲数据依据 7.2.2 节的里程计模型转化为机器人的定位结果,即通过两时刻间的脉冲数据变化累加出机器人的定位结果 x、y、θ_{yaw}(航向角),这一步的代码实现相对简单,这里不再细述,可参见 robot_bringup 功能包下的 robot.cpp 文件。第二步是将转换得到的编码器定位结果嵌入 nav_msgs/Odometry 消息类型中,用 wheel_odom 主题发布该消息。

　　nav_msgs/Odometry 消息结构如图 7-23 所示。

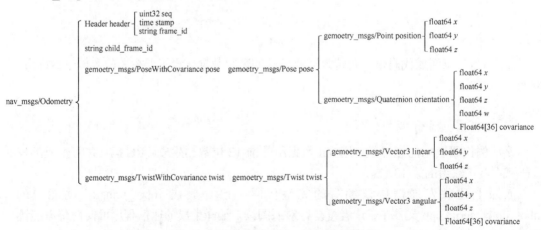

图 7-23　nav_msgs/Odometry 消息结构

　　将 x、y 嵌入对应位置(因为里程计是二维模型,z 值设为 0 即可),再将 θ_{yaw} 转换为四元数后嵌入该消息对应位置即可完成该数据的主题发布。由于这一步涉及树莓派从底层读取数据的利用,编码器消息发布的格式是固定的,所以需要考虑的是在什么位置上添加我们需要的消息。该步骤代码可参考以下文本:

```
nav_msgs::Odometry msg1;                      //初始化存放编码器信息的结构体
    msg1.header.stamp=current_time_;          //当前时间信息
    msg1.header.frame_id="wheel_odom";
    msg1.pose.pose.position.x=x_;             //x 轴位置
    msg1.pose.pose.position.y=y_;             //y 轴位置
    msg1.pose.pose.position.z=0.0;            //z 轴位置，应该设为 0
geometry_msgs::Quaternion odom_quat;          //初始化存放四元数的结构体
    odom_quat=tf::createQuaternionMsgFromYaw(th_);
                                              //θ_vaw 转换为四元数
    msg1.pose.pose.orientation=odom_quat;         //角度信息赋值
    msg1.pose.covariance=odom_pose_covariance;    //添加姿态协方差
    msg1.child_frame_id="base_link";
    msg1.twist.covariance=odom_twist_covariance;//添加速度协方差
    pub_.publish(msg1);
```

注意：在上面的代码注释中提到 odom_pose_covariance、odom_twist_covariance 这两个参数分别是姿态、速度协方差，但这两个参数将会用在何处呢？在 7.2.4 节中，交代了 IMU 和编码器通过卡尔曼滤波器进行数据融合的模型，却没有给出各个观测方程的协方差，那里的协方差就是这两个参数；后续在调用 robot_pose_ekf 功能包做数据融合时需要这个信息，其设置如下：

```
odom_pose_covariance={
    {1e-9, 0, 0, 0, 0, 0,
    0, 1e-3,1e-9, 0, 0, 0,
    0, 0, 1e6, 0, 0, 0,
    0, 0, 0, 1e6, 0, 0,
    0, 0, 0, 0, 1e6, 0,
    0, 0, 0, 0, 0, 1e6}};
odom_twist_covariance={
    {1e6, 0, 0, 0, 0, 0,
    0, 1e6,0, 0, 0, 0,
    0, 0, 1e6, 0, 0, 0,
    0, 0, 0, 1e6, 0, 0,
    0, 0, 0, 0, 1e6, 0,
    0, 0, 0, 0, 0, 1e6}};
```

在 odom_pose_covariance 参数表示的矩阵中，其对角线的六个参数指的是编码器的六个观测量的数值可信度，分别是 x、y、z、pitch、roll、yaw 的可信度，因为通过编码器脉冲累加得到的 x、y、yaw 三个数据中，yaw 相对误差较大，其值可信度低，融合协方差应该设得大一些，设为 $1e6(1e^6)$；x、y 误差相对较小，故 x、y 的值可信度高，其融合协方差也就较小，设为 $1e-3(1e^{-3})$；编码器的 z、roll、pitch 我们都没有估计，因此其协方差都设为 $1e6(1e^6)$，这样在后续的融合中，滤波器会取信编码器 x、y 的值，不取信其他的值。

也正是因为编码器推算出的 yaw 不准，才有了后续数据融合的必要性。

odom_twist_covariance 指的是机器人的三轴速度、加速度的协方差，由于这些量在融合中不会使用，所以可统一设为 1e6（$1e^6$）。

完成任务一的完整代码参见 robot_bringup 功能包下的 robot.cpp 文件。完成编码器数据的转换和发布后，接着就要完成 IMU 数据的发布与处理，以便后续数据融合。

任务二：IMU 数据发布。

IMU 的数据处理过程分为数据发布、数据校正、滤波、坐标变换发布，共四项任务。与编码器不同的是，从单片机获取的 IMU 数据分别是三轴角速度和三轴加速度，一共六个量，这六个量就是后续融合所需要的量，不需要进行信息转换，直接将三轴加速度、角速度嵌入 sensor_msgs/Imu 消息（图 7-24）的对应位置即可，并以 raw_imu 主题发布该消息即完成了第二个任务，IMU 原始数据发布的代码如下。

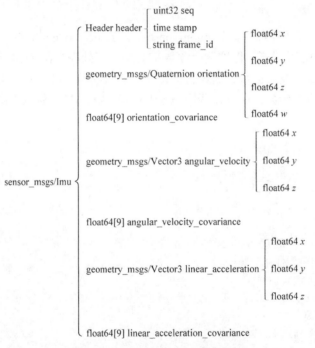

图 7-24　sensor_msgs/Imu 消息结构

```
aibot_msgs::RawImu raw_imu_msgs          //存放 IMU 消息的结构体初始化
raw_imu_msgs.header.stamp=current_time_;
raw_imu_msgs.header.frame_id="imu_link";
raw_imu_msgs.raw_linear_acceleration.x=ax_*9.795;     //x 轴加速度
raw_imu_msgs.raw_linear_acceleration.y=ay_*9.795;     //y 轴加速度
raw_imu_msgs.raw_linear_acceleration.z=az_*9.795;     //z 轴加速度
raw_imu_msgs.raw_angular_velocity.x=thx_;             //x 轴角速度
raw_imu_msgs.raw_angular_velocity.y=thy_;             //y 轴角速度
raw_imu_msgs.raw_angular_velocity.z=thz_;             //z 轴角速度
```

```
raw_imu_msgs.raw_magnetic_field.x=magx ;                    //x 轴磁力计值
raw_imu_msgs.raw_magnetic_field.y=magy ;                    //y 轴磁力计值
raw_imu_msgs.raw_magnetic_field.z=magz ;                    //z 轴磁力计值
```

　　上述代码用于实现 IMU 原始数据的发布，其中 aibot_msgs::RawImu 是本书自定义的消息类型，引用时需要在 CMakeLists.txt 文件中包含该消息，以免编译出错，磁力计可以不赋值。任务二的完整代码封装在 robot_bringup 功能包下的 robot.cpp 中。

　　任务三：IMU 数据校正。

　　由于任何地面都难以做到绝对水平，所以陀螺仪可能会倾斜，而且 IMU 的安装过程也可能造成陀螺仪的倾斜，进而会对编码器与 IMU 数据融合造成不利的影响。为消除该影响，必须对 IMU 数据做水平校正（校正的理论与 SLAM 并无太大关联，不再介绍），该校正工作可通过启动 aibot_imu 功能包中的 aibot_imu 节点来完成（通过 launch 文件配置即可完成节点的启动）。该功能包会读取 raw_imu 主题的数据，将经过校正后的数据发布在 imu/data_raw 主题上。该功能包与底层并无关联，可移植性高，可在 launch 文件中启动，启动方式如下：

```
<node pkg="aibot_imu" type="aibot_imu" name="aibot_imu" output= "screen"
respawn="false">
        <param name="imu/perform_calibration" value="true" />
</node>
```

　　上述调用的代码在 bringup_with_imu.launch 文件中，至此第三个任务完成。但需要注意的是：开发者若需要在其他地方调用 IMU 数据校正功能包，仅需要将用于发布 IMU 数据的消息格式按照任务二中的消息格式将其发布出来，并创建 launch 文件启动 aibot_imu 节点即可。aibot_imu 节点在 imu/data_raw 主题上发布校正后的 IMU 数据，若开发者需要更改此主题，可在 aibot_imu 功能包下的 aibot_imu.cpp 文件中第 42 行附件修改一行代码，如下：

```
imu_pub_=nh_.advertise<sensor_msgs::Imu>("imu/data_raw", 1000);
```

　　该语句用于设定发布校正后 IMU 数据的主题名称，可将此句中的 imu/data_raw 换成开发者所需要的主题名称，修改完毕后编译即可使用。校正前后的效果对比如图 7-25 所示，经过校正，静止时 IMU 仅在 z 轴方向存在加速度且该值趋近于重力加速度 g，其余各轴加速度为 0，校正效果较好。

　　任务四：IMU 数据滤波。

　　完成 IMU 的校正后，数据中的测量噪声依旧难以消除，IMU 的数据依旧会发生小幅跳变，其噪声分布满足零均值的高斯分布模型。为尽可能消除噪声对测量精度的影响，需要对 IMU 的数据进行滤波，减小噪声对测量结果的影响。Aibot 机器人采用 ROS 社区开源工具包 imu_tools 中的 imu_filter_madgwick 功能包，对校正后的 imu/data_raw 主题的 IMU 数据进行滤波，同时在 imu/data 主题上发布滤波后的 IMU 数据，系统在安装 ROS 时会默

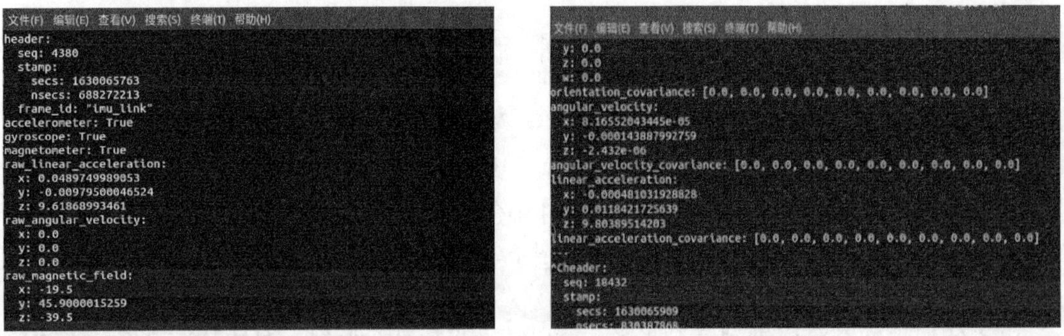

(a) 校正前　　　　　　　　　　　　　　　　　(b) 校正后

图 7-25　IMU 数据校正

认安装该功能包，无须开发者自己单独安装。该节点也仅需要在 launch 文件上进行简单的配置即可使用，代码如下：

```
<node pkg="imu_filter_madgwick" type="imu_filter_node" name="imu_filter_
madgwick" output="screen" respawn="false">
    <param name="use_mag" value="false"/>
    <param name="publish_tf" value="false"/>
</node>
```

上述代码首先通过 imu_filter_madgwick 节点订阅 imu/data_raw 主题，只使用了主题的角速度、加速度数据，不使用磁力计数据；然后执行滤波任务，将处理好的数据发布在 imu/data 主题上。该节点的启动配置在 bringup_with_imu.launch 文件中，开发者可根据自身需求在需要启动该节点的 launch 文件添加上述语句。对于 imu_filter_madgwick 功能包的滤波原理和代码实现过程，读者有兴趣可以参考 imu_tools 工具箱配套的论文。

图 7-26(a) 和 (b) 分别是滤波前后的 IMU 数据，包括静止时三轴角速度、x 和 y 轴的加速度(接近 0)、z 轴加速度(接近重力加速度)，比较后不难发现，处理效果较好。

(a) 滤波前　　　　　　　　　　　　　　　　　(b) 滤波后

图 7-26　IMU 数据滤波

任务五：坐标变换发布。

需要发布 IMU 到 base_link 坐标系的坐标变换。因为 base_link 的坐标系、IMU 的坐标系并不重合，为方便数据融合，获取机器人的相对真实的里程，必须有两者坐标系相对位置的参考，所以需要发布 IMU 到 base_link 的静态坐标变换，静态坐标变换在 launch 文件中仅需要一句话便可以轻松发布，代码如下：

```
<node  pkg="tf"  type="static_transform_publisher"  name="base_imu_to_
base_link"
      args="0 0.0 0 0 0.0  0.0 /base_link /imu_link 40"/>
```

其中，args 的等于号后面的六个参数分别代表 imu_link 到 base_link 的 x、y、z 三轴位置差，yaw、pitch、roll 三轴姿态角关系。该静态坐标变换在 bringup_with_imu.launch 文件中，通过配置上述代码，可调用 tf 节点发布。

任务六：编码器与 IMU 数据融合。

编码器与 IMU 的数据融合的理论基础在第 7.2.4 节已经详细交代完毕，至此，通过前面的工作已经获得了 IMU、编码器相对准确的测量数据，也有了 IMU、编码器同 base_link 的相对关系，编码器和 IMU 数据融合前的数据预处理工作就全部完成了。此处仅考虑如何在 ROS 中实现 7.2.4 节所述的数据融合即可。ROS 社区中，已存在许多编码器与 IMU 基于扩展卡尔曼滤波框架进行数据融合的实例，这里我们采用最为经典的 robot_pose_ekf 功能包实现编码器和 IMU 的数据融合，在 ROS 中已默认安装了该功能包，仅需要调用该功能包实现数据融合即可。配置过程如下：

```
<node pkg="robot_pose_ekf" type="robot_pose_ekf" name="robot_pose_ekf"
output="screen">
     <param name="output_frame" value="odom"/>
     <param name="base_footprint_frame" value="base_link"/>
     <param name="freq" value="200.0"/>
     <param name="sensor_timeout" value="1.0"/>
     <param name="odom_used" value="true"/>
     <param name="imu_used" value="true"/>
     <param name="vo_used" value="false"/>
     <param name="debug" value="false"/>
     <remap from="odom" to="wheel_odom"/>
     <remap from="imu_data" to="imu/data"/>
  </node>
```

通过如上配置，该功能包订阅 wheel_odom、imu/data 主题数据，并在 odom 主题中发布融合后的机器人里程计数据，同时发布机器人里程计到 base_link 的坐标变换。上述代码在 bringup_with_imu.launch 文件中。

图 7-27 显示了融合前后的效果，比较后不难发现：经过数据融合，有效地减小了定位误差（无误差时 base_link 与 odom 坐标系在 Aibot 机器人实例上应该重叠）。

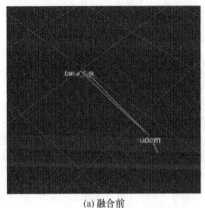

彩图7-27

(a) 融合前　　　　　　　　　　　　(b) 融合后

图 7-27　融合效果

至此，已经获得了一个相对准确的里程计，并发布了 odom 到 base_link 的坐标变换，为后续建图提供了真实的机器人定位数据。

7.3.5　运动控制的软件实现

机器人的运动控制是要让机器人按照控制者期望的速度运行，涉及两个问题：①如何发布期望的运行速度？②怎么让机器人执行期望的运行速度？

在 ROS 中，期望的机器人运行速度可通过 cmd_vel 主题来发布。首先，创建一个键盘控制节点，代码名记作 robot_teleop.py，用来发布期望的机器人运行速度，同时用 robot_teleop.launch 文件来启动该节点。此处 robot_teleop.py 的代码与 5.2.3 节提到的 turtlebot3_telelop 功能包中的 turtlebot_telelop_key.py 一致，仅文件名称有所改变。然后，对于 Aibot，要让其执行/cmd_vel 主题发布的速度控制命令，便要将速度控制命令分解成机器人四个轮子的执行转速，并将其通过通信模块传给单片机，使机器人能够实现期望的角速度、线速度，具体实现过程如下。

在 robot_bringup.cpp 文件中，加入 cmd_vel 速度主题的订阅，订阅发布的机器人期望线速度、角速度，依照式(7-5)与式(7-6)可得

$$\begin{cases} v_l = v + \omega d \\ v_r = v - \omega d \end{cases} \tag{7-17}$$

将经过式(7-17)分解后得到的左右轮速度传给单片机，使机器人两个左轮执行 v_l，两个右轮执行 v_r，从而实现期望速度。速度订阅和分解的程序相对简单，不再细述，读者可自行参阅 robot_bringup 功能包下的 robot.cpp 和 robot_bringup.cpp 文件中的内容。

7.3.6　建图与路径规划模块的软件实现

通过 7.3.3～7.3.4 节的配置，可以获得 odom(里程计)主题数据、scan(激光雷达)主题数据、odom->base_link 的坐标变换以及 laser_link->base_link 的坐标变换。经过第 5 章的学习，很容易发现这些信息都是 Gampping 算法建图所必需的数据。关于 gmapping 节点的启动和参数配置第 5 章讲述得十分详尽，该节点的启动参数配置通过一个 gmapping.laun ch.xml 文件实现, 该文件的配置过程和 5.2.3 节的 gmapping.launch 文件一致, 这里不再详述。

此处还需要创建一个 gmapping_with_imu.launch 文件, 在通过 gmapping.launch.xml 文件启动 gmapping 节点的同时,启动前面创建的多个 launch 文件以运行前面编写的代码, 用以获得 Gmapping 算法建图所必备的环境量测数据, gmapping_with_imu.launch 的代码如下:

```xml
<launch>
    <include file="$(find rplidar_ros)/launch/rplidar.launch"/>
    <node pkg="tf" type="static_transform_publisher" name="base_lidar_to_
base_link"
        args="0 -0.08 0.1 0 0.0  0.0 /base_link /lidar_link 40"/>
    <include file="$(find robot_bringup)/launch/bringup_with_imu.launch"/>
    <include file="$(find robot_navigation)/launch/include/move_base.laun
    ch.xml"/>
    <include file="$(find robot_navigation)/launch/include/gmapping.laun
    ch.xml"/>

</launch>
```

上述文件中, rplidar.launch 用于启动激光雷达, 同时发布激光雷达测量数据。接下来一句是启动 tf 功能包, 发布激光雷达与 base_link 坐标系的坐标变换。bringup_with_imu.launch 获取 odom 的 TF 数据。move_base.launch.xml 文件用于启动机器人的 move_base 节点(与 6.5 节的 move_base.launch 要启动的参数配置文件几乎一致, 不同的是 move_base.launch.xml 文件调用的参数配置文件是依据 Aibot 机器人的机械结构、电机驱动能力等参数设定的, 而 move_base.launch 中启动的参数配置文件是依据仿真机器人的参数设定的)。gmapping.launch.xml 文件同 5.2.3 节提到的 gmapping.launch 文件一致, 用于启动 ROS 中的 slam_gmapping 节点, 以实现机器人的建图。gmapping_with_imu.launch 文件与本节提到的 Aibot 建图导航相关的参数配置文件已封装在 robot_navigation 功能包中。至此, 完成了机器人建图导航功能的代码实现, 7.4 节将介绍这些代码的启动与使用。

7.4　远程控制 Aibot 导航

本节介绍在配置好机器人的导航功能包后, 如何利用它们实现远程控制机器人的导航。在此之前, 需要做好准备工作, 包括 Aibot 的开机(及初始化)和建立 Aibot 的远程连接两个步骤。

步骤 1：Aibot 的开机（及初始化）较为简单。打开 Aibot 的电源开关，电源开关打开后小车的激光雷达就会旋转起来，这说明 Aibot 开启正常，此时打开计算机 Wi-Fi，可以查看

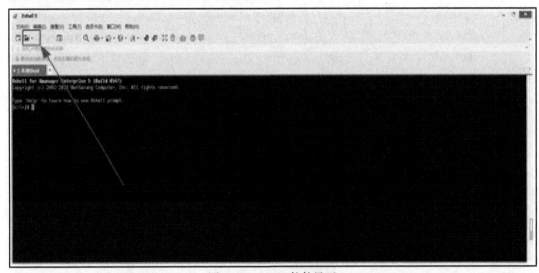

到一个由 Aibot 发出的名为 aibot 的 Wi-Fi。看到 aibot 这个热点后，就说明小车的初始化已经完成了。

步骤 2：建立 Aibot 的远程连接，用于操控其进行 SLAM 和路径规划。

（1）在计算机上安装一个 Xshell 软件，如图 7-28 所示。安装完毕后，让计算机去连接 Aibot 小车发出的无线网（连接用的用户名和密码可自行设定）。打开 Xshell，界面如图 7-29 所示。

图 7-28　Xshell 软件

（2）用 Xshell 远程连接 Aibot，先单击图 7-29 中所示的"新建连接"按钮，弹出如图 7-30 所示的对话框。

图 7-29　Xshell 软件界面

（3）单击图 7-30 所示的"新建"按钮，创建连接，弹出"新建会话（2）属性"对话框，按如图 7-31 中的"名称"文本框和"主机"文本框内所示内容进行修改。

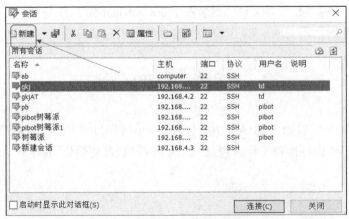

图 7-30　"会话"对话框

(4)按照图 7-31 修改完名称和主机后单击 3 号框中所标记的"用户身份验证"选项,弹出如图 7-32 所示的界面。

图 7-31　"新建会话(2)属性"对话框

图 7-32　"用户身份验证"界面

(5)在"用户身份验证"界面需要做两件事:输入要登录的远程设备的用户名和密码(Aibot 小车的用户名和密码可自行设定或修改),将其分别输入进去即可,再单击"确定"按钮,就会返回如图 7-33 所示的初始"会话"对话框,此时,刚刚设置过的连接已在初始"会话"窗口显示出来。

(6)单击"连接"按钮,即可远程连接 Aibot,结果如图 7-34 所示。

图 7-33　初始"会话"对话框

图 7-34　远程连接 Aibot 界面

7.4.1　远程控制 Aibot 建图

建立好远程连接后,就可以进行远程控制 Aibot 建图了。在 Xshell 远程登录界面输入以下命令，如图 7-35 所示，输入命令后按回车键运行，结果如图 7-36 所示。

```
$ roslaunch robot_navigation gmapping_with_imu.launch
```

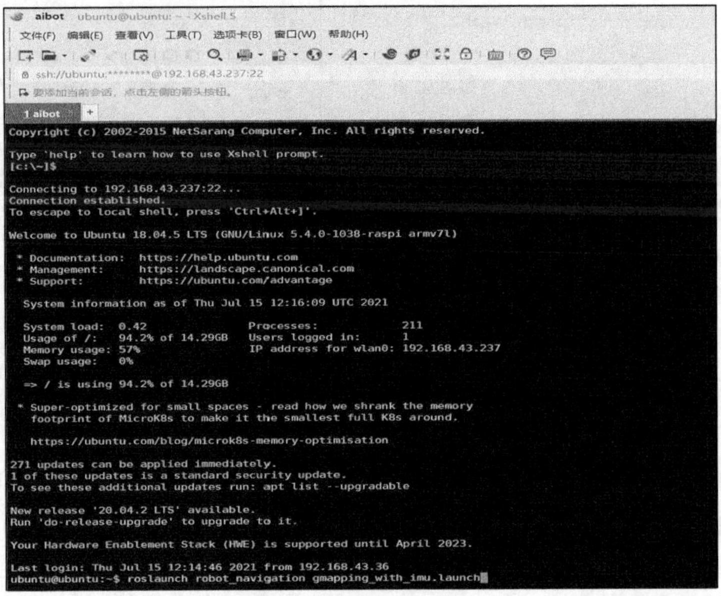

图 7-35　输入建图命令

　　若出现如图 7-36 所示矩形框中显示的两条语句，里程计和 IMU 激活完成，说明建图节点启动完成。

　　打开虚拟机，查看建图结果。虚拟机打开后，将网络连接模式设置为桥接模式，先开启终端，输入 ifconfig 查看虚拟机的网络地址，结果如图 7-37 所示。

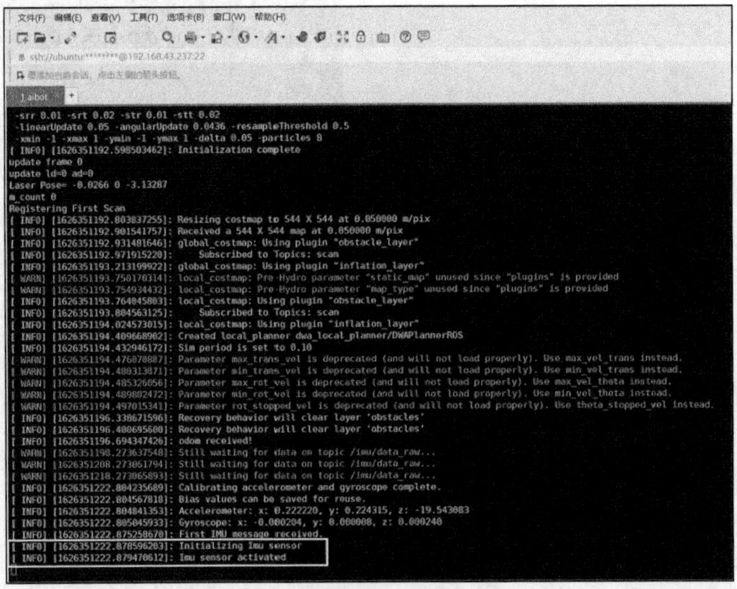

图 7-36　启动小车建图节点

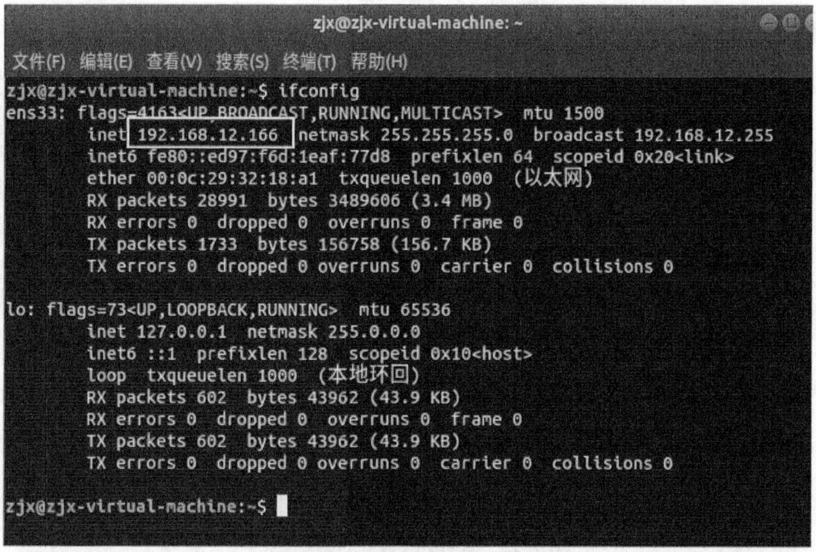

图 7-37　查看虚拟机网络地址

终端显示网络地址为 192.168.12.166，注册小车的 ROS_MASTER，输入如图 7-38 中所示的两条命令。

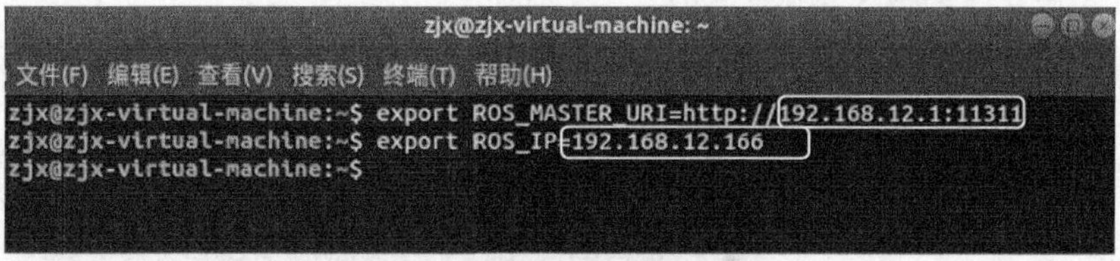

图 7-38　注册 ROS_MASTER

其中，192.168.12.1 是 Aibot 小车的网络地址，这个地址是固定的；192.168.12.166 是自己虚拟机的网络地址，因网络和设备而异，用 ifconfig 命令查看。

注册完毕后在终端中输入：

```
$ roslaunch robot_navigation view_nav.launch
```

运行结果如图 7-39 所示。

此时，RViz 已经将小车所建立的地图传回至虚拟机中。在 Xshell 新建一个小车连接，输入以下命令启动键盘控制节点：

```
$ roslaunch robot_teleop robot_teleop.launch
```

键盘控制节点启动后，让小车在室内运动一周，建立完整的室内地图即可。

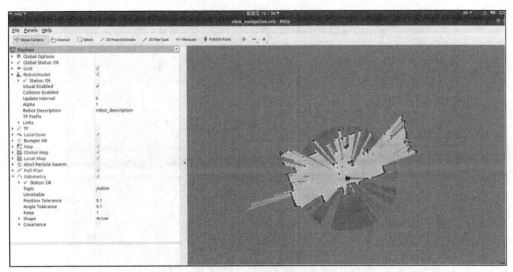

图 7-39　RViz 查看建图结果

7.4.2　控制 Aibot 小车进行自主路径规划

通过 7.4.1 节键盘控制节点建立起的环境地图，如图 7-40 所示。单击 RViz 界面顶端的 2D Nav Goal 按钮，可设置导航目标点的 2D 位姿信息。

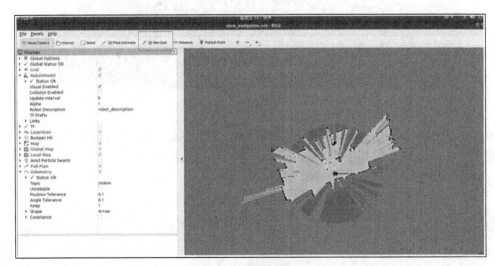

图 7-40　环境地图

选择目标点，将鼠标指针移到目标点处，拖动鼠标设置目标点处小车的方向，如图 7-41 所示，紫色的箭头就是导航目标点处小车的既定位姿。

彩图7-41

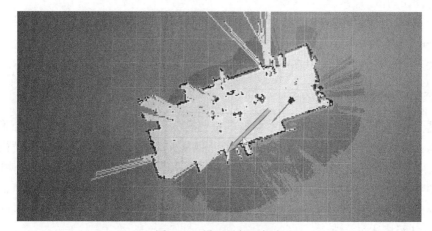

图 7-41　设置导航目标点

图 7-42 中箭头旁的曲线就是机器人规划出从当前点前往目标点的全局路径，至此小车导航功能实现完毕。

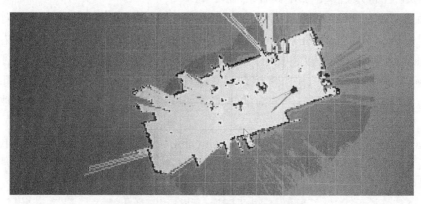

图 7-42　显示小车规划出的全局路径

7.5　搭建导航机器人注意事项

实物机器人的搭建是一个极其复杂的过程，任何一个环节的配置错误都会导致整个机器人导航功能的失败。本节基于以上自主导航机器人的配置步骤，讲述在搭建过程中的注意事项和一些关键问题，同时给出机器人导航失败问题的排查方法，避免开发者在搭建机器人过程中因配置错误而无所适从。

7.5.1　编码器协方差设置

部分刚入门的开发者可能并未重视编码器协方差的设置，编码器协方差的设置是为了后续 IMU 数据和编码器数据的融合。为了充分利用编码器的直线测距能力和 IMU 姿态信息，将编码器的 x、y 测量值的协方差值设置得比较低，即相信它们的直线测量值，将其 yaw 角的角度估计值协方差设置的较大，用 IMU 的角度测量值来代替。

　　如果开发者在自行搭建导航小车的过程中发现编码器和 IMU 的数据融合效果不好,则首先要检查的是两者的协方差设置,要保证编码器的 x、y 的协方差较小,角度相关的协方差设置较大。协方差的参考设置在 7.3.4 节已经给出。

7.5.2　静态坐标变换的发布

　　在机器人导航设置中,坐标变换占据极其重要的位置,它涉及建图、数据融合等方面,这是由机器人各传感器的安装位置决定的。当机器人所携带的设备在空间上有位置、姿态的差异时,它们的测量数据必然只能通过某种方式将其转换到同一坐标系下才能使用,部分有关建图和路径规划的坐标变换相关功能包已经发布了,但是 IMU 坐标系到 base_link 的坐标变换、激光雷达坐标系到 base_link 的坐标变换是需要我们自己在 lanuch 文件中发布的,7.3.2 节已经描述过。

　　这里再提醒一下开发者如何根据自己机器人的传感器位置来设置这两个坐标变换的参数。如果没有按照实际尺寸进行设置,则极有可能获取不到优良的定位建图结果,甚至地图也会和实际空间反过来,影响路径规划效果。

　　一般而言,base_link 坐标系都设在驱动轮的中间或机器人的几何中心,对于两轮差分机器人,base_link 放置在两个轮子的中间,若像前面提到的四轮左右两边差分,则 base_link 设在四个轮子的几何中心上。另外,与机器人导航相关的坐标系多数为右手坐标系(除与视觉 SLAM 相关的坐标系设置),因此代表机器人本体的 base_link 坐标系的姿态为:x 轴指向机器人前进方向的正前方,y 轴指向机器人的正左方,z 轴竖直向上。

　　参考 base_link 的坐标系位姿信息,发布 imu_link(IMU)、laser_link(scan)到 base_link 的静态坐标变换。这一步通常在 launch 文件中发布,代码如下:

```
<node pkg="tf" type="static_transform_publisher" name=" imu_link_to_ base_
link"
    args="0 0.0 0 0 0.0  0.0 /base_link /imu_link 40" />
```

　　其中,tf 是功能包名;static_transform_publisher 是可执行文件名;imu_link_to_base_link 是节点名。这个节点名可以在 launch 文件中自行设置,为了方便查看 TF 树和了解各个变换的实际意义,节点一般按照坐标变换关系来命名。例如,需要发布的是 IMU 到 base_link 的坐标变换,那么节点名就定为 base_imu_to_base_link,各个参数的定义在 7.3.2 节中已经有详细描述,不再介绍,这里重点讲解一下各个参数怎么获取。

　　以发布 IMU 到 base_link 的坐标变换为例,假定以 base_link 坐标系为参考坐标系,先根据机器人的结构参数确定 IMU 坐标系相对于 base_link 坐标系的相对位姿,然后按照上述程序发布。

　　假设 imu_link 与 base_link 的相对关系如图 7-43 所示,要发布 imu_link 到 base_link 的坐标变换,那么各个参数设置应该如下:

```
args="0.2  -0.6  -0.1  -pi/2  0.0  0.0
```

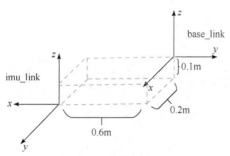

图 7-43　坐标相对关系

激光雷达到 base_link 的坐标变换发布也参照上述过程。

7.5.3　节点的通信关系

开发者若是参照上述的代码配置自主导航机器人，那么整个导航机器人主题通信图如图 7-44 所示，图中箭头的方向是信息的流动方向。建立正确的节点通信关系、保证数据在各个节点之间正常传输，是实现机器人的自主导航的关键之一。

当开发者自己的导航机器人主题通信图与图 7-44 不一致，或者出现部分应该建立连接的节点之间连接错误甚至未建立连接的情况时，可能是在配置部分节点的输入输出主题名称时出现了错误，可以检查相关节点的主题订阅和主题发布，保证两节点发出的主题名称与订阅的主题名称一致，这样便可以获得一个正确主题通信图。

建立好各个节点之间的正确信息数据流动关系后，就需要保证数据在各个节点之间的顺利流动，若有的节点出现数据流动中断，则首先需要检查该节点的输入是否正确，再进行下一步排查，确保信息顺利流动。

在这些节点中，尤其需要注意的是导航机器人主题通信图的起点——mbot_bringup 和 rplidarNode 节点。其中，mbot_bringup 节点通过/dev/ttyUSB0 串口与底层单片机通信，以获取编码器和 IMU 原始数据并将其转化发布，此外，该节点还用于向机器人底层发送速度控制指令。rplidarNode 节点通过/dev/ttyUSB1 串口读取激光雷达的量测数据并将其发布。注意，这些串口名称是可以根据开发者自身情况进行更改的，但开发者需要确保节点和对应的硬件设备之间能建立正确的串口连接，这是保证其他程序节点能正常利用传感器测量数据的基础。其他的节点不依赖机器人的底层硬件，只需保证流入节点的主题消息格式和主题数据正确即可。

7.5.4　机器人导航中的 TF 树

前面反复提到，坐标变换对自主导航机器人的重要性。在 ROS 中自主导航机器人的坐标变换关系通常用 TF 树来描述，TF 树是一种树状结构，揭示各个坐标系之间的坐标变换关系，依靠主题通信机制来持续发布不同坐标系之间的坐标变换关系。若开发者按照前面的代码配置方式，则整个导航机器人的 TF 树关系如图 7-45 所示（通常导航机器人的 TF 树基本和图 7-45 一致）。

值得注意的是，在 TF 树中只有父子坐标系的位姿关系能正确发布，才能保证任意两个坐标系之间的连通。如图 7-45 所示，通过 TF 树，ROS 能获取到在 TF 树中任意两个能

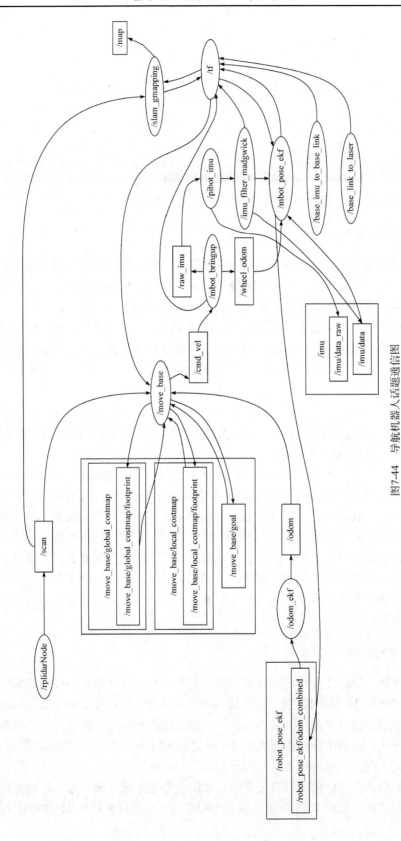

图7-44　导航机器人话题通信图

连通的坐标系的坐标变换关系。例如，在上面的内容中，发布了 map->odom、odom->base_link、base_link->imu_link 及 base_link->laser_link4 个坐标变换，但通过 TF 树的连接关系，ROS 可以获取到 map->base_link、map->laser_link 及 odom->imu_link 等多种坐标系之间的变换关系，只要这些坐标系是连通的即可。这些坐标变换关系是 ROS 中的 TF 功能包根据已有的 TF 树关系，自主计算出来的，便于开发者使用。

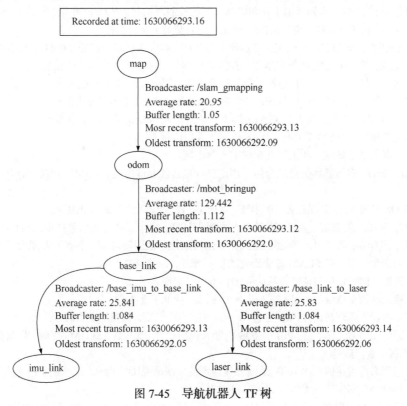

图 7-45　导航机器人 TF 树

7.5.5　导航错误排查

当开发者发现自己配置的导航机器人无法正常工作时，首先要做的是按照图 7-44 的主题通信图去查看是否部分节点没有启动，或者某些主题的数据有缺失、错误；接着参考图 7-45 查看 TF 树的各坐标变换的指向关系是否有问题、是否缺少某些 TF 坐标变换；最后查看激光雷达、IMU 的 TF 坐标变换的参数是否正确，当定位到问题出现的地方时，就及时修改错误配置程序。

典型错误：

（1）IMU 和编码器没有融合效果，多数情况是编码器的协方差设置有误。

（2）SLAM 地图同实际环境存在旋转关系，多数是激光雷达的坐标变换有误。

（3）TF 树不全，产生这种的原因有两种：一种是 IMU、激光雷达的静态坐标变换忘记发布，另一种是部分主题没有数据。

（4）避障效果差，这种情况往往是代价地图参数设置不当，可依照自己机器人的机器结构、驱动能力修改相关参数。

参 考 文 献

蔡自兴, 贺汉根, 陈虹, 2009. 未知环境中移动机器人导航控制理论与方法[M]. 北京: 科学出版社.

曹其新, 张蕾, 2012. 轮式自主移动机器人[M]. 上海: 上海交通大学出版社.

曹子腾, 郭阳, 赵正旭, 等, 2020. 室内定位技术研究综述[J]. 计算机技术与发展, 30(6): 202-206.

陈金宝, 韩冬, 聂宏, 等, 2016. ROS 开源机器人控制基础[M]. 上海: 上海交通大学出版社.

陈孟元, 2018. 移动机器人 SLAM、目标跟踪及路径规划[M]. 北京: 北京航空航天大学出版社.

高翔, 张涛, 2019. 视觉 SLAM 十四讲从理论到实践[M]. 2 版. 北京: 电子工业出版社.

何炳蔚, 张立伟, 张建伟, 2017. 基于 ROS 的机器人理论与应用[M]. 北京: 科学出版社.

胡春旭, 2018. ROS 机器人开发实践[M]. 北京: 机械工业出版社.

蒋志宏, 2018. 机器人学基础[M]. 北京: 北京理工大学出版社.

金学波, 苏婷立, 2018. 多传感器信息融合估计理论及其在智能制造中的应用[M]. 武汉: 华中科技大学出版社.

库马尔, 2020. ROS 机器人编程实战[M]. 李华峰, 张志宇, 译. 北京: 人民邮电出版社.

李博心, 祁浩然, 鲁祥, 等, 2020. 室内定位算法与技术综述[J]. 电子元器件与信息技术, 4(1): 47-50.

刘洞波, 李永坚, 刘国荣, 等, 2016. 移动机器人粒子滤波定位与地图创建[M]. 湘潭: 湘潭大学出版社.

刘慧娟, 2020. 基于激光雷达的 SLAM 算法研究[D]. 石家庄: 河北科技大学.

刘利枚, 2011. 机器人同时定位与建图方法研究[D]. 长沙: 中南大学.

刘镇波, 2018. 视觉辅助车载导航关键技术研究[D]. 西安: 西北工业大学.

吕克, 2018. 移动机器人原理与设计[M]. 王世伟, 谢广明, 译. 北京: 机械工业出版社.

马哈塔尼, 桑切斯, 费尔南德斯, 等, 2017. ROS 机器人程序设计(原书第 3 版)[M]. 2 版. 张瑞雷, 刘锦涛, 译. 北京: 机械工业出版社.

满增光, 2014. 基于激光雷达的室内 AGV 地图创建与定位方法研究[D]. 南京: 南京航空航天大学.

毛永毅, 2018. 移动通信网定位技术[M]. 北京: 科学出版社.

苗雨, 2020. 基于视觉 SLAM 的 AGV 自主定位与路径规划策略研究[D]. 北京: 北京邮电大学.

牟春鹏, 汪正涛, 陶卫军, 2021. 室内移动机器人运动规划与导航算法优化[J]. 兵工自动化, 40(7): 87-92.

曲丽萍, 王宏健, 2017. 未知环境下智能机器人自主导航定位方法与应用[M]. 哈尔滨: 哈尔滨工业大学出版社.

塞巴斯蒂安, 沃尔弗拉姆, 迪特尔, 2017. 概率机器人[M]. 曹红玉, 谭志, 史晓霞, 等译. 北京: 机械工业出版社.

沈显庆, 马志鹏, 孙启智, 等, 2021. 改进 A*算法的移动机器人的路径规划[J]. 黑龙江科技大学学报, 31(4): 494-499.

谭建豪, 章兢, 王孟君, 等, 2013. 数字图像处理与移动机器人路径规划[M]. 武汉: 华中科技大学出版社.

陶满礼, 2020. ROS 机器人编程与 SLAM 算法解析指南[M]. 北京: 人民邮电出版社.

王殿君, 魏洪兴, 任福君, 2013. 移动机器人自主定位技术[M]. 北京: 机械工业出版社.

王锦凯, 贾旭, 2020. 视觉与激光融合 SLAM 研究综述[J]. 辽宁工业大学学报(自然科学版), 40(6): 356-361.

王曙光, 2013. 移动机器人原理与设计[M]. 北京: 人民邮电出版社.

谢宏全, 韩友美, 陆波, 等, 2018. 激光雷达测绘技术与应用[M]. 武汉: 武汉大学出版社.

徐曙, 2014. 基于 SLAM 的移动机器人导航系统研究[D]. 武汉: 华中科技大学.

张国良, 姚二亮, 2018. 移动机器人的 SLAM 与 VSLAM 方法[M]. 西安: 西安交通大学出版社.

张琦, 2014. 移动机器人的路径规划与定位技术研究[D]. 哈尔滨: 哈尔滨工业大学.

张涛, 2020. 机器人概论[M]. 北京: 机械工业出版社.

张雪丽, 2020. 基于多传感器融合的机器人定位研究与应用[D]. 西安: 西安科技大学.

张元良, 2017. 移动机器人导航与控制算法设计[M]. 武汉: 华中科技大学出版社.

赵炳巍, 曹岩, 贾峰, 等, 2020. 移动机器人多传感器信息融合方法综述[J]. 电子测试(18): 68-69.

赵新洋, 2017. 基于激光雷达的同时定位与室内地图构建算法研究[D]. 哈尔滨: 哈尔滨工业大学.

周兴杜, 杨刚, 王岚, 等, 2017. 机器人操作系统 ROS 原理与应用[M]. 北京: 机械工业出版社.

周阳, 2019. 基于多传感器融合的移动机器人 SLAM 算法研究[D]. 北京: 北京邮电大学.

GRISETTI G, STACHNISS C, BURGARD W, 2007. Improved techniques for Grid mapping with rao-blackwellized particle filters[J]. IEEE transactions on robotics, 23(1): 34-46.

HESS W, KOHLER D, RAPP H, et al., 2016. Real-time loop closure in 2D LIDAR SLAM[C]//IEEE international conference on robotics and automation (ICRA), New York.

KOHLBRECHER S, VON STRYK O, MEYER J, et al., 2011. A flexible and scalable SLAM system with full 3D motion estimation[C]//IEEE international symposium on safety, Piscataway.

MUR-ARTAL R, TARDOS J D, 2017. ORB-SLAM2: an open-source SLAM system for monocular, stereo and RGB-D cameras[J]. IEEE transactions on robotics, 33(5): 1255-1262.

TIXIAO S, BRENDAN E, 2018. LeGO-LOAM: lightweight and ground optimized lidar odometry and mapping on variable terrain[J]. International conference on intelligent robots and systems, 14(5): 4758-4765.